L'édition du gén

Paris Roidos

L'édition du génome avec le système CRISPR Cas9

ScienciaScripts

Imprint
Any brand names and product names mentioned in this book are subject to trademark, brand or patent protection and are trademarks or registered trademarks of their respective holders. The use of brand names, product names, common names, trade names, product descriptions etc. even without a particular marking in this work is in no way to be construed to mean that such names may be regarded as unrestricted in respect of trademark and brand protection legislation and could thus be used by anyone.

Cover image: www.ingimage.com

This book is a translation from the original published under ISBN 978-3-659-85170-4.

Publisher:
Sciencia Scripts
is a trademark of
Dodo Books Indian Ocean Ltd. and OmniScriptum S.R.L publishing group

120 High Road, East Finchley, London, N2 9ED, United Kingdom
Str. Armeneasca 28/1, office 1, Chisinau MD-2012, Republic of Moldova, Europe

ISBN: 978-620-8-34829-8

TABLE DES MATIÈRES

Le meilleur livre qui ait jamais été écrit est en nous et nous avons aujourd'hui la possibilité de le lire.

(V.Utt, Estonie)

RÉSUMÉ

L'ingénierie des génomes est à l'aube de son âge d'or. De nouveaux outils passionnants apparaissent et s'ajoutent à son arsenal. Après les TALEN et les Zing-finger, un nouvel outil digne d'intérêt vient s'ajouter. Il s'agit du système CRISPR. Ce système a été découvert pour la première fois chez le *Streptococcus thermophilus* et son rôle naturel est l'immunité adaptative spécifique à la séquence contre l'ADN étranger dans les bactéries.

Dans le présent rapport, CRISPR Cas9, système de type II, est utilisé pour tenter d'invalider le gène *HPRT1* exprimé dans les lymphocytes, à titre de preuve de concept. Le milieu HAT combiné à la thioguanine est utilisé comme milieu de sélection, ce qui permet une méthode de criblage rapide et simple. Pour vérifier que l'édition a bien eu lieu dans les cellules de mammifères, un kit de détection du clivage de l'ADN est utilisé en combinaison avec un test enzymatique.

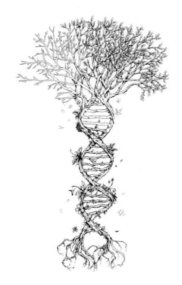

Liste des abréviations

CRISPR	Clustered respiratory interspaced short palindromic repeats
HGPRT	Hypoxanthine-guanine phosphoribosyl-transferase
DHFR	Dihydro folate reductase
ZFNs	Zinc-finger nuclease
TALENs	Transcription activator-like effector nuclease
PAM	Protospacer adjacent motif
pre-crRNA	Precursor-crRNA
crRNA	CRISPR RNA
sgRNA	Single guide RNA, also seen as gRNA
tracrRNA	Trans-activating crRNA
DSB	Double strand breaks
HR	Homologous Recombination
NHEJR	Non-homologous end Joining Recombination
NK cells	Natural Killer cells
HAT	Hypoxanthine-aminopterin-thymidine medium
TG	Thioguanine
FBS	Fetal Bovine Serum
LNS	Lesch-Nyhan Syndrome
HSC	Hematopoietic stem cells
BP	Base-pair
OFP	Orange fluorescent protein
LB	Lysogeny broth

Introduction

Dans le présent rapport, le plus récent outil d'édition du génome, CRISPR, est utilisé dans le cadre d'une étude de validation de principe. Des cellules mononucléaires blanches primaires sont cultivées et traitées avec CRISPR afin d'éliminer le gène *HPRT1*. Le système CRISPR (Clustered respiratory interspaced short palindromic repeats), abrégé en CRISPR, est la nouvelle percée en matière d'édition du génome. Le système CRISPR Cas9 de type II est le plus utilisé jusqu'à présent car il présente des avantages uniques par rapport aux deux autres types de systèmes. Le gène *HPRT1* est responsable de l'expression de l'hypoxanthine-guanine phosphoribosyl-transférase (HGPRT). Comme son nom l'indique, il s'agit d'une enzyme transférase utilisée dans la voie de récupération des purines pour dégrader l'ADN et réintroduire les purines dans la voie de synthèse. La HGPRTase joue un rôle important dans la production de nucléotides puriques. Les mutations du gène peuvent entraîner une hyperuricémie, la maladie la plus connue étant le syndrome de Lesch-Nyhan.

Les lymphocytes sont des globules blancs exprimant le gène *HPRT1* en quantités significatives. Le milieu de sélection HAT est utilisé pour cultiver et sélectionner uniquement les cellules HGPRT+. Le milieu HAT est composé d'hypoxanthine, d'aminoptérine et de thymidine. L'aminoptérine inhibe l'enzyme (dihydrofolate réductase, DHFR) responsable de la synthèse des acides nucléiques. Cela oblige les cellules à utiliser la voie de récupération comme moyen alternatif de croissance, dans laquelle une enzyme HGPRT fonctionnelle est essentielle. Dans le milieu HAT, seules les cellules HGPRT+ survivent et les cellules HGPRT- meurent. Le milieu HAT est utilisé comme milieu de contre-sélection. Les cellules HGPRT+ seront éliminées à l'aide du système CRISPR Cas9 et l'efficacité de cette technique sera évaluée par l'analyse des mutants résistants à la 6-thioguanine (TG). La TG est un milieu de sélection pour les cellules *HPRT* négatives. Par conséquent, seules les cellules knock-out (*HPRT-*) survivront et le nombre de cellules mutantes indique l'efficacité de l'outil CRISPR. Pour améliorer nos observations, un test biochimique rapide primé est utilisé pour contrôler l'activité de l'HGPRTase et un kit de détection du clivage du génome est utilisé pour détecter le clivage du locus spécifique de l'ADN génomique.

1. Édition du génome

L'ingénierie des génomes est à l'aube de son âge d'or. Elle est décrite comme la capacité de modifier et de manipuler avec précision des séquences d'ADN dans des cellules vivantes (Segal & Meckler, 2003). Une nouvelle ère émerge rapidement avec de nouvelles techniques capables de modifier le génome avec un impact encore plus important. La capacité d'insérer, de supprimer ou même de modifier des séquences d'ADN facilement et avec précision a suscité l'intérêt de la communauté scientifique dans un large éventail de domaines biotechnologiques, tels que la médecine, l'énergie et même les études environnementales. D'un point de vue médical, ce domaine fascinant et émergent, associé à des essais précliniques et cliniques, peut potentiellement traiter diverses maladies. Les nucléases ciblables ouvrent la voie à ce nouveau domaine. Les nucléases ciblables permettent aux scientifiques de cibler et de modifier théoriquement n'importe quel gène dans n'importe quel organisme (Provasi, et al., 2012), (Takasu, et al., 2010). Les nucléases sont programmées avec des domaines de liaison à l'ADN spécifiques à un site et peuvent (i) améliorer les performances, (ii) accélérer l'assemblage des nucléases et (iii) réduire considérablement le coût de l'édition du génome (Perez-Pinera, Ousterout, & Gersbach, 2012).

Les nucléases à doigt de zinc (ZFN), les nucléases effectrices de type activateur de transcription (TALEN) et les endonucléases homing modifiées, également connues sous le nom de méganucléases, sont les outils utilisés aujourd'hui pour l'ingénierie des génomes et pourraient également être qualifiés de véritables outils de ciblage. Le dernier-né de cette liste est une nucléase bactérienne basée sur le système Cas CRIPSR (clustered regulatory interspaced short palindromic repeat) (Segal & Meckler, 2003). Les deux premiers outils mentionnés ci-dessus utilisent des nucléases liées à des protéines modulaires de liaison à l'ADN afin d'induire des cassures double-brin de l'ADN. Le système CRISPR Cas9, quant à lui, utilise une nucléase guidée par un petit ARN de 20 nucléotides par appariement de base Watson-Crick pour cibler l'ADN (Ran A., Hsu, Wright, Agarwala, Scott, & Zhang, 2013). La croissance rapide du domaine de l'édition du génome a entraîné la disponibilité de diverses nucléases ciblées conçues à des fins commerciales. Cependant, aucune méthode n'est sans faille et chacune d'entre elles présente des avantages et des inconvénients. En général, les approches actuelles de l'ingénierie du génome sont entravées par (i) une faible efficacité et (ii) un nombre limité de types de cellules et d'organismes pouvant être ciblés (Walsh & Hochedlinger, 2013).

L'outil idéal d'édition du génome devrait répondre aux trois critères suivants : (1) pas de mutation hors cible, (2) assemblage rapide et efficace des nucléases, (3) fréquence élevée de la séquence souhaitée dans la population cellulaire cible. La nucléase Cas9, les ZFN et les TALEN sont utilisés pour l'édition du génome en stimulant une rupture double brin au niveau du locus génomique cible (Ran A., Hsu, Wright, Agarwala, Scott, & Zhang, 2013). Chez les eucaryotes, les cassures double brin de l'ADN sont souvent réparées par la voie d'assemblage non homologue (NHEJ), sujette aux erreurs. La rupture du double brin facilite l'ingénierie des mutations de ciblage en servant de substrat au mécanisme de réparation NHEJ (Walsh & Hochedlinger, 2013). Cela crée une bande d'indels au niveau du site de clivage qui peut être détectée par électrophorèse. La mutagenèse NHEJ est couramment utilisée comme méthode pour créer des knockouts ciblés. Plus de 30 espèces et 150 gènes et loci humains ont été éliminés grâce à cette méthode (Segal & Meckler, 2003). En outre, lorsqu'une séquence exonique est ciblée, on peut s'attendre à ce que 66 % des indels entraînent des mutations de décalage de trame (Segal & Meckler, 2003).

1.1. Outils d'édition existants

Les nucléases à doigt de zinc utilisent environ un doigt de 30 acides aminés qui se replie autour d'un ion de zinc pour former une structure compacte qui reconnaît un ADN de 3 paires de bases. Les répétitions consécutives des doigts sont capables de reconnaître et de cibler une large zone de l'ADN cible. Avant d'être assemblés, les doigts de zinc sont optimisés pour reconnaître une séquence spécifique de 3 paires de bases. Cependant, tous les sites ne sont pas accessibles, ce qui signifie que la position du site ciblé n'est pas déterminée par les scientifiques mais par l'accessibilité de l'ADN. Ce handicap minimise l'application de l'outil du doigt de zinc puisque les sites actifs des enzymes et les polymorphismes d'un seul nucléotide ne peuvent pas être ciblés (Segal & Meckler, 2003).

Nucléases ciblées :

nucléase synthétique conçue pour cibler presque n'importe quel site du génome avec une grande précision

Par knock-out :

l'introduction d'une mutation qui inactive complètement la fonction d'un gène

Entrée par knock-in :

l'introduction d'un nouveau gène

Génétique inversée :

examine les phénotypes qui résultent de la mutation d'un gène ; à l'inverse, la génétique directe examine les gènes qui sous-tendent un phénotype.

Mécanisme de réparation de l'ADN :

Il existe deux voies principales pour réparer les cassures double brin de l'ADN chez les eucaryotes.

Il s'agit de la jonction non homologue (NHEJ) et de la recombinaison homologue (HR) (Perez-Pinera, et al., 2012), (Segal, et al., 2003).

Les TALEN ont été découverts pour la première fois fin 2009, lorsque le code de liaison à l'ADN TALE a été découvert (Boch, Sholze, Schornack, Landgraf, & Hahn, 2009). Pour les TALEN, deux approches principales à haut débit ont été développées. La seconde est une utilisation astucieuse des enzymes de restriction de type II appelée "clonage Golden Gate". Le clonage Golden Gate est une méthode de clonage moléculaire qui utilise plusieurs sous-unités dans un ordre déterminé [3]. Les enzymes de restriction de type II sont capables de se lier à un site et de se cliver sur le site adjacent. Cela présente l'avantage de concevoir un système et de pouvoir prédire où couper l'ADN. Rapidement, il est devenu évident que les TALEN avaient un avantage significatif sur les nucléases Zing-finger. Presque toutes les TALEN démontrent une certaine activité sur leur site cible chromosomique et, par rapport aux ZFN, cette activité est beaucoup plus élevée. Les deux techniques sont limitées par l'accessibilité du site chromatinien, ce qui implique que tous les sites ne peuvent pas être approchés. Cependant, les TALENs ont un spectre plus large de séquences qui peuvent être ciblées. Les deux techniques peuvent également conduire à des séquences potentiellement hors cible. Cependant, les TALENs ont moins de risques de se tromper de cible car elles sont conçues pour reconnaître 30 à 36 paires de bases du site ciblé, alors que les ZFNs sont conçues pour reconnaître 18 à 24 paires de bases (Segal & Meckler, 2003). Le terme "méganucléases" est utilisé pour décrire les endonucléases homing ciblables qui sont conçues sur mesure pour une cible spécifique. Le site cible que ces nucléases peuvent reconnaître se situe approximativement à 24 paires de bases.

2. Répétitions palindromiques courtes interespacées et régulatrices (Clustered Regulatory Interspaced Short Palindromic Repeats)

La recherche sur les mécanismes de défense des bactéries a fait connaître CRISPR à la communauté scientifique. CRISPR signifie Clustered Regulatory Interspaced Short Palindromic Repeats et Segal et al le décrivent comme un outil de choix pour générer des cassures double-brin spécifiques à un site dans l'ADN (Segal & Meckler, 2003).

En *1987,* les premiers signes de cet outil étonnant ont été découverts lorsqu'une équipe de chercheurs a observé une séquence particulière à la fin d'un gène bactérien.

Dix ans plus tard, lors du décodage des génomes microbiens, les biologistes ont trouvé des schémas étranges similaires dans lesquels une séquence d'ADN était suivie d'environ 30 pb en sens inverse.

Ce schéma n'a cessé d'apparaître et a été retrouvé dans 40 % du génome des bactéries et dans plus de 90 % des microbes.

De nombreux chercheurs ont supposé que ces séquences étaient de l'ADN poubelle, mais en *2005*, trois groupes bioinformatiques différents ont rapporté que ces séquences d'ADN intercalaire correspondaient souvent à des séquences obtenues à partir du génome des phages.

En *2011*, deux groupes, Barrangou et Doudna, étudiaient le système CRISPR. Martin Jinek, un post-doctorant du groupe Doudna, a été l'un des premiers à découvrir et à prouver que le système CRISPR/Cas pouvait être simplifié en une seule protéine, Cas9, qui pouvait être combinée à un seul ARN guide chimérique.

(Pennisi, 2013)

En 2007, l'équipe de *Danisco*, une entreprise de Copenhague spécialisée dans les ingrédients alimentaires, a découvert un moyen de renforcer les défenses de la bactérie qu'elle utilisait contre les phages. *S. thermophilus* est une bactérie couramment utilisée dans l'industrie laitière pour transformer le lait en yaourt et en fromage. L'équipe de *Danisco* a exposé les bactéries à un phage et a montré que les bactéries étaient en quelque sorte vaccinées contre ce virus (Pennisi, 2013), (Barrangou, et al., 2013). Cela a permis d'établir le rôle naturel du système CRISPR/Cas dans les bactéries et les Achaea. Le système fournit une sorte d'immunité adaptative contre les acides nucléiques envahissants en guidant les endonucléases pour couper une séquence spécifique non hôte (Segal & Meckler, 2003). Ce système protège les bactéries et les Achaea contre les virus et les plasmides. En bref, l'immunité est basée sur de petites molécules d'ARN qui sont fusionnées dans des complexes protéiques et peuvent cibler spécifiquement les acides nucléiques viraux par appariement des bases. En général, la défense CRISPR/Cas se déroule en trois étapes (figure 1). Dans la première, l'ADN viral injecté est découvert et une partie de son ADN est insérée dans le réseau CRISPR de l'hôte en tant que nouvel espaceur. Cette séquence est généralement courte, de l'ordre de 2 à 5 nucléotides, et est appelée motif adjacent protospacer (PAM). La deuxième étape de la réponse est la transcription d'un cluster CRISPR en un long précurseur ARNr (pré ARNr). La troisième et dernière étape est la réaction d'interférence. L'ARNr mature est fusionné avec un complexe de protéines Cas plus important et utilisé pour identifier et détruire le génome viral (Richter, Randau, & Plagens, 2013).

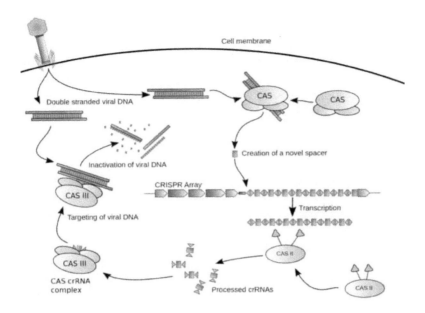

Figure 1 : Rôle naturel du système CRISPR Cas dans les bactéries et les archées par *James Atmos* 2009.

Trois types différents de systèmes CRISPR Cas (type I, II, III) ont été découverts dans la bactérie *S. thermophilus* (figure 2) et tous présentent la même architecture (Barrangou, et al., 2013). Le cluster CRISPR peut être considéré comme un élément d'ADN génomique dont la première partie consiste en une série de courtes répétitions, généralement de 24 à 37 paires de bases, séparées par une séquence d'espacement exclusive de longueur similaire. Ces séquences sont celles qui confèrent aux bactéries une immunité adaptative. Elles proviennent généralement d'un génome viral. La deuxième partie du système CRISPR/ Cas est l'endonucléase Cas. Elle diffère d'un type à l'autre et remplit la fonction d'immunité des bactéries.

Les systèmes de type I et de type III utilisent les endonucléases Cas3 et Cas6 pour cliver le pré-ARNc. Dans le système de type I, l'ADN qui envahit est reconnu par le complexe Cascade:ARNr. Un motif PAM permet d'identifier l'ADN étranger et la nucléase Cas3 est utilisée pour couper l'ADN cible. Le système de type III utilise la nucléase Cas6, sur laquelle l'ARNc est lié et qui reconnaît l'ADN ou l'ARN envahissant. Le système CRISPR/Cas de type II fait appel à l'endonucléase Cas9. L'enzyme Cas9 est une nucléase, c'est-à-dire une protéine qui a la capacité de couper les brins d'ADN et qui est dotée de deux sites de coupe actifs, un site pour chaque brin de la double hélice de l'ADN (Richter, Randau, & Plagens, 2013). De nombreux documents structuraux sont déjà disponibles et ont joué un rôle important dans la compréhension de la biologie structurale du système CRISPR. Elle offre de nombreuses informations sur les mécanismes et l'évolution des protéines impliquées (Reeks, Naismith, & White, 2013).

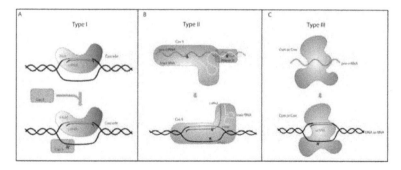

Figure 2 : Trois types différents de systèmes CRISPR/ Cas représentant l'étape d'interférence (Richter, Randau, & Plagens, 2013).

Le système de type II utilise un mécanisme complètement différent qui nécessite uniquement l'utilisation de l'endonucléase Cas9 pour couper la séquence cible. Dans le système de type II, Cas9 est exprimé avec deux autres ARN appelés crRNA (CRISPR RNA) et tracrRNA (transactivating crRNA). Ensemble, ils forment l'endonucléase spécifique de la séquence, qui clive les séquences génétiques étrangères pour protéger les cellules hôtes (Reeks, Naismith, & White, 2013). Une rupture de double brin est induite, clivant l'ADN sur un site complémentaire à la séquence de l'ARN guide. Pour que le système de type II soit fonctionnel, l'endonucléase Cas9 et une petite séquence d'ARN guide sont nécessaires (Jinek, East, Cheng, Lin S, Ma , & Doudna, 2013).

Jusqu'à présent, seul le système de type II est disponible dans le commerce et largement utilisé pour l'édition du génome. Il existe des différences entre les différents types de systèmes. L'une d'entre elles réside dans la réaction d'interférence des types I et III, qui repose sur des complexes multiprotéiques. Cela complique le système et le rend difficile à optimiser. Une autre différence réside dans le fait que le type III n'a pas besoin d'une séquence PAM. Cela le rend plus polyvalent mais moins spécifique (Richter, Randau, & Plagens, 2013).

CRISPR est un nouvel outil en vogue qui a récemment été inclus dans la boîte à outils avec les autres techniques d'édition du génome. Jusqu'à présent, il présente des avantages qui ne peuvent être négligés. (i) la vitesse d'assemblage, (ii) l'efficacité de la cible, (iii) le multiciblage potentiel et (iv) les faibles coûts sont quelques-uns des nombreux avantages (Pennisi, 2013). Le plus grand avantage de tous est la (v) simplicité de sa méthode. Jusqu'à récemment, l'ingénierie des génomes nécessitait la production de protéines capables de reconnaître et de se lier à un locus d'ADN spécifique. Avec cette endonucléase bactérienne, Cas9, seule une petite séquence d'ARN doit être conçue et elle peut cibler presque toutes les parties de l'ADN (Jinek, East, Cheng, Lin S, Ma , & Doudna, 2013).

9

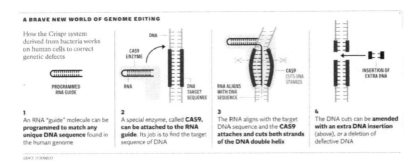

Figure 3 : Système d'édition du génome CRISPR (Image par The Doudna Lab).

Par rapport à TALEN et ZNF, une seule protéine Cas9 peut être reciblée en changeant la séquence d'un seul ARN guide (ARNg), ce qui rend le système vraiment facile à utiliser (Richter, Randau, & Plagens, 2013). Un TALEN ordinaire nécessite l'assemblage de deux nouvelles répétitions de 1800 paires de bases pour chaque nouveau site cible, alors que le système CRISPR/ Cas

L'efficacité et la facilité d'utilisation de CRISPR dépassent presque tout ce que l'on peut imaginer, explique George Church, de l'université de Harvard. Son laboratoire a été l'un des premiers à prouver que cette technique pouvait être utilisée sur des cellules humaines (Pennisi, 2013).

ne nécessitent que 20 paires de bases. L'une des faiblesses potentielles de CRISPR pourrait être que les 8 paires de bases les plus éloignées de la séquence PAM, qui est un motif NGG, sont tolérantes à des inadéquations d'une seule base. Cela pourrait susciter des inquiétudes quant à la spécificité du système (Segal & Meckler, 2003). L'étape limitante de la technologie CRISPR est le niveau d'expression de l'ARN et l'assemblage dans le système Cas9 (Jinek, East, Cheng, Lin S, Ma , & Doudna, 2013).

Jusqu'à présent, toutes les approches CRISPR rapportées ont généré des cassures double brin (DSB) dans la séquence cible. Ces cassures peuvent être réparées soit par recombinaison homologue (HR), soit par jonction non homologue (NHEJ). La recombinaison homologue répare entièrement la cassure puisqu'elle utilise l'allèle de type sauvage comme modèle donneur. Cependant, la NHEJ est un mécanisme qui crée des erreurs, qui peuvent conduire à une insertion, une délétion, un décalage de cadre, etc. (Richter, Randau, & Plagens, 2013).

2.1. Système CRISPR/ Cas9

CRISPR fait référence au système de type II qui a été découvert pour la première fois chez la bactérie *S. thermophilus*. Une courte section de nucléotides, également appelée motif adjacent protospacer (PAM), est identifiée par l'ARNcr (figure 4). Avec l'aide de l'ARNcr, la nucléase Cas9 provoque des cassures double brin spécifiques. Dans le commerce, ces deux éléments d'ARN sont combinés en une seule molécule chimérique appelée ARN guide (ARNg) qui permet l'expression simultanée avec la protéine Cas9 (Walsh & Hochedlinger, 2013).

10

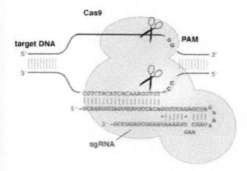

Figure 4 : Système CRISPR/ Cas9 (Jinek, East, Cheng, Lin S, Ma , & Doudna, 2013)

La nucléase Cas9 est ainsi localisée et cible la séquence d'ADN par une séquence guide de 20 nucléotides (Ran F. , et al., 2013). Cette courte séquence guide utilise l'appariement commun des bases de Watson Crick afin d'identifier le locus génomique désiré. De plus, cette séquence guide peut tolérer un certain nombre de mésappariements avec la cible ADN, ce qui présente l'inconvénient de provoquer une mutagenèse hors site indésirable (Walsh & Hochedlinger, 2013). De cette manière, l'ARN guide chimérique peut diriger la nucléase Cas9 vers presque n'importe quel locus génomique suivi d'un motif 5'-NGG PAM (Ran F. , et al., 2013). Les cassures double brin produites par CRISPR sont de préférence réparées par le mécanisme NHEJ. Comme nous l'avons déjà expliqué, le NHEJ est un mécanisme sujet aux erreurs qui permet d'introduire des insertions, des délétions ou même des décalages de trame dans les cellules de mammifères. Une autre caractéristique intéressante de CRISPR est sa capacité de multiplexage. La génération de cinq mutations en une seule transfection a été observée (Walsh & Hochedlinger, 2013).

3. Gène *HPRT1*

HGPRT [E.C. 2.4.2.8.] est l'abréviation de hypoxanthine-guanine phosphoribosyltransférase qui est l'enzyme codée par le gène *HPRT1* (Caskey & Kruh, 1979). Le gène de l'hypoxanthine phosphorybol transférase (*HPRT*) est situé sur le bras long du chromosome X des cellules de mammifères en position Xq26-Xq2.7 et est généralement utilisé comme modèle de gène pour étudier les mutations possibles dans diverses lignées cellulaires de mammifères (Parry & Parry, 2012). Le *gène HPRT* se compose de 44 kb d'ADN et est réparti sur 9 exons, comme le montre la figure 5.

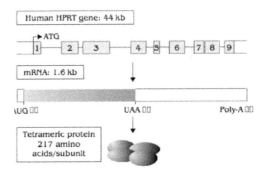

Figure 5 : Biologie moléculaire de l'HGPRTase (Nyhan, 2007)

Le gène est copié dans l'ARNm qui a une longueur de 1,6 kb. La protéine est un tétramère et chaque sous-unité est composée de 217 acides aminés (Yamada, Nomura, Yamada, & Wakamatsu, 2007). Le gène est transmis par le chromosome X. Les hommes sont donc généralement touchés, tandis que les femmes sont porteuses hétérozygotes et généralement asymptomatiques. À ce jour, plus de 300 mutations associées à la maladie dans le gène *HPRT1* ont été identifiées (Nyhan, 2007). Le diagnostic repose sur les résultats cliniques, mais aussi sur des tests enzymatiques et moléculaires (Torres & Puig, 2007). Le locus *HPRT* se trouvant sur le chromosome X, seules les lignées cellulaires primaires mâles peuvent être étudiées pour détecter les effets mutagènes. Comme son nom l'indique, la HGPRT est une transférase qui catalyse la conversion de l'hypoxanthine en inosine monophosphate (IMP) et de la guanine en guanosine monophosphate (GMP), comme le montre la figure 6 (Nyhan, 2007). L'HGPRTase est activement exprimée dans le cytoplasme de toutes les cellules de l'organisme, les niveaux les plus élevés ayant été trouvés dans les ganglions de la base (Nyhan, 2007). L'HGPRT est une enzyme de récupération des purines, qui transfère un groupe 5-phosphoribosyl du 5-phosphoribosyl 1-pyrophosphate (PRPP) à la purine. Par exemple, l'HGPRT catalyse la réaction entre la guanine et le phosphoribosyl pyrophosphate (PRPP) pour former le GMP (Figure 6 & Figure 7). En d'autres termes, elle convertit les bases puriques préformées en leurs nucléotides respectifs (Caskey & Kruh, 1979). La HGPRT joue un rôle central dans la production de nucléotides puriques par la voie de récupération des purines (Torres & Puig, 2007). L'HGPRT traite principalement les purines provenant de la voie de récupération issue de la dégradation de l'ADN et les purines sont ainsi réintroduites dans les voies de synthèse des purines (Figure 6).

12

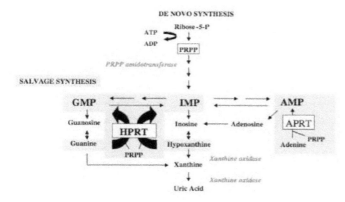

Figure 6 : Schéma métabolique du métabolisme des purines (Torres & Puig, 2007).

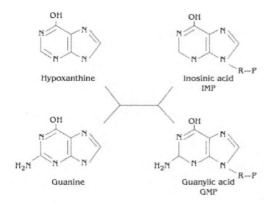

Figure 7 : Réactions catalysées par l'HPRTase (Nyhan, 2007).

La voie de récupération est une voie métabolique qui aide les cellules de mammifères à obtenir des précurseurs pour la synthèse et la réparation de l'ADN. Plus précisément, il s'agit de la voie à partir de laquelle les purines et les pyrimidines sont synthétisées en tant qu'intermédiaires de la voie de dégradation des nucléotides. En d'autres termes, la voie de récupération récupère et réintroduit les bases lors de la dégradation de l'ADN et de l'ARN (Camara, et al., 2013).

Un test de lecture sélective a été mis au point (voir section 3.3), dans lequel les mutants *HPRT* peuvent être vus comme des colonies viables lorsque les mutations détruisent la fonctionnalité du gène *HPRT*. Cette méthodologie *HPRT* permet d'identifier la sélection positive, lorsque les mutations détruisent la fonctionnalité du gène *HPRT*, puisque les mutants *HPRT-* peuvent être vus comme des colonies viables (Parry & Parry, 2012). Le test de mutation du gène *HPRT* présente trois avantages principaux pour une utilisation à grande échelle. (i) Le gène cible est codé sur le chromosome X des mammifères, ce qui facilite la sélection des mutants de perte de fonction dans les cellules dérivées des mâles. (ii) Il existe des systèmes simples et efficaces pour prouver la perte de fonction avec des cellules qui survivent en présence de 6-thioguanine (6-TG). (iii) Le gène *HPRT* est conservé dans diverses lignées cellulaires et peut facilement être comparé à d'autres cellules animales et humaines (Parry & Parry, 2012).

3.1. Le déficit de l'activité de l'hypoxanthine-guanine phosphoribosyltransférase (HGPRT) est généralement associé au métabolisme des purines et peut entraîner une excrétion accrue du produit de dégradation qu'est l'acide urique, ainsi qu'un large éventail de troubles neurologiques qui dépendent du niveau d'insuffisance de l'enzyme (Nyhan, 2007). Il a été observé qu'une partie de la population masculine présentant un déficit partiel en HGPRT a des taux d'acide urique plus élevés dans le sang. La surproduction d'acide urique déclenche le développement de l'arthrite goutteuse et la formation de

Le déficit en *HPRT* est estimé à 1/380 000 naissances vivantes au Canada et 1/235 000 naissances vivantes en Espagne. Le syndrome de Lesch-Nyhan touche plus de 380 000 naissances vivantes chaque année. Michael Lesch, étudiant en médecine, et son mentor, le pédiatre William Nyhan, ont été les premiers à découvrir et à caractériser cliniquement ce syndrome. Leur article de recherche a été publié en 1964 (Torres, et al., 2007).

des calculs d'acide urique dans les voies urinaires (Torres & Puig, 2007). Les patients présentant un déficit partiel de l'enzyme HGRPT présentent des symptômes d'intensité variable. Le syndrome HGRPT est associé à deux items OMIM, OMIM 300322 et OMIM 300323, causés par des mutations survenant au niveau du locus *HPRT*. Le syndrome de Lesch-Nyhan (LNS, OMIM 300322) présente l'inefficacité la plus grave de l'activité enzymatique et est causé par des mutations qui se produisent au niveau du locus *HPRT*. L'autre pathologie liée au déficit en HGPRT est appelée syndrome de Kelley-Seegmiller (OMIM 300323) et correspond à un déficit partiel de l'enzyme. Les patients présentent un certain degré d'association neurologique, mais pas aussi grave que le LNS (Torres & Puig, 2007).

3.2. Syndrome de Lesch-Nyhan

Le déficit de l'enzyme hypoxanthine-guanine phosphoribosyltransférase (HGPRT) est à l'origine d'une maladie héréditaire rare qui se manifeste par des syndromes tels que le syndrome de Lesch-Nyhan (LNS) ou le syndrome de Kelley-Seegmiller (Gemmis, et al., 2010). Le déficit en enzyme HGPRT peut survenir à la suite d'une mutation du gène *HPRT1*. Le déficit le plus grave en *HPRT* et la maladie la plus courante du métabolisme des purines est le syndrome de Lesch-Nyhan. Lorsque la HGPRT est partiellement désactivée, l'acide urique s'accumule dans tous les fluides corporels, ce qui entraîne une hyperuricémie et une hyperuricosurie (liées à de graves problèmes rénaux et de goutte). Sur le plan neurologique, on a observé chez les patients une réduction du contrôle musculaire et une déficience intellectuelle adéquate (Nyhan, 2007). L'insuffisance de la HGPRT peut entraîner une mauvaise utilisation de la vitamine B12, ce qui peut conduire au développement d'une anémie mégaloblastique chez les garçons. La plupart des patients souffrant de cette carence, mais pas tous, présentent de graves problèmes physiques et mentaux tout au long de leur vie.

Le syndrome de Lesch-Nyhan (SLN) est une maladie héréditaire innée liée au chromosome X (figure 8) ou, en d'autres termes, le gène *HPRT* est un locus lié au sexe. Il affecte le développement des nourrissons pendant les 4 à 6 premiers mois (Nyhan, 2007). La forme classique de la maladie est un déficit complet de l'enzyme HGPRT et les patients semblent présenter des troubles cognitifs, une spasticité, une dystonie, des comportements d'automutilation ainsi que des concentrations accrues d'acide urique dans le sang et l'urine qui peuvent entraîner une néphropathie, des calculs des voies urinaires et une goutte tophacée. La caractéristique la plus distinctive est le comportement agressif d'automutilation. Les patients présentant ce type de phénotype n'apprennent jamais à se tenir debout sans aide ou à marcher normalement (Nyhan, 2007). Les individus qui sont principalement des hommes hémizygotes sont affectés, tandis que les femmes hétérozygotes sont généralement des porteuses asymptomatiques.

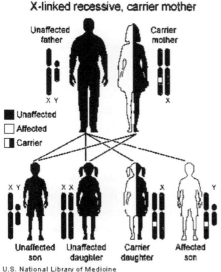

Figure 8 : Maladie héréditaire liée au chromosome X (cette image est une œuvre des National Institutes of Health).

Lors de la division cellulaire, la formation de l'ADN a lieu et les nucléotides sont essentiels. L'adénine et la guanine sont des bases puriques et la thymidine et la cytosine sont des bases pyrimidiques. Toutes ces bases sont liées au désoxyribose et au phosphate. Les nucléotides sont généralement synthétisés à partir d'acides aminés.

Cependant, une petite partie est recyclée à partir de l'ADN dégradé des cellules décomposées. Cette voie est appelée voie de récupération. L'HGPRT est une enzyme de la voie de récupération pour les purines. Elle réintroduit l'hypoxanthine et la guanine dans la synthèse de l'ADN. La déficience de cette enzyme a deux conséquences principales. Tout d'abord, les produits de dégradation cellulaire ne peuvent pas être réutilisés et sont donc dégradés.

Cela augmente le niveau d'acide urique, un produit de dégradation des purines. La deuxième conséquence est que la voie de *novo* est stimulée par un excès de PRPP (5-phospho-D- ribosyl-1-pyrophosphate ou simplement phosphoribosyl-pyrophosphate).

Ces femmes ont une copie non affectée de l'*HPRT* qui empêche la maladie de se développer. La mutation génétique est portée par la mère et transmise à son fils. Le père d'un homme atteint ne peut pas avoir transmis la maladie et n'est pas porteur de l'allèle mutant (Gemmis, et al., 2010). Cependant, dans un tiers des cas examinés à partir de nouvelles mutations, il semble qu'il n'y ait pas d'antécédents familiaux. Le gène *HPRT1* code l'enzyme hypoxanthine-guanine phosphoribosyltransférase (HGPRT, EC 2.4.2.8) (Gemmis, et al., 2010). L'enzyme HGPRT est impliquée dans les voies biochimiques utilisées par l'organisme pour produire des purines, l'un des composés de l'ADN et de l'ARN. Il existe un grand nombre de mutations connues de *l'enzyme HPRT* (Gemmis, et al., 2010),

(Nyhan, 2007). En général, les mutations qui diminuent légèrement la fonctionnalité de l'enzyme n'entraînent pas de syndromes graves comme la LNS, mais produisent une forme plus légère de la maladie. Il semble qu'il y ait un point chaud localisé dans l'exon 3 où des mutations ont été trouvées dans 25,7 % des familles. Les exons 1, 4 et 9 ont été impliqués dans des mutations par délétion qui développent la maladie. L'acide aminé arginine 51 semble être un point chaud pour les mutations dans le gène *HPRT1* (Gemmis, et al., 2010). Dix sites de mutation ont également été signalés, entraînant la perte de l'exon 7 de l'ADNc. L'équipe de recherche a indiqué que les séquences de base flanquant l'exon 7 pourraient avoir causé la mutation qui a provoqué les erreurs d'épissage (O'Neill, Rogan, Cariello, & Nicklas, 1998).

3.3. Application

Les lymphocytes B expriment l'enzyme qui leur permet de survivre lorsqu'ils sont fusionnés à des cellules de myélome lors de leur culture sur milieu HAT afin de produire des anticorps monoclonaux. Les cellules hybrides produisent les anticorps monoclonaux. Un antigène spécifique est injecté à un mammifère et provoque la production d'anticorps par la rate de la souris. Si les cellules de la rate sont mélangées à des cellules immunitaires immortalisées cancéreuses, on obtient des cellules de myélome. Ces cellules hybrides sont ensuite clonées pour produire des clones filles identiques. Le produit anticorps désiré est sécrété à partir de ces clones filles. Pour sélectionner les hybridomes, on utilise le milieu HAT. Le milieu HAT est composé d'hypoxanthine, d'aminoptérine et de thymidine. L'aminoptérine inhibe l'enzyme dihydrofolate réductase (DHFR), nécessaire à la synthèse de *novo* des acides nucléiques. La cellule n'a pas d'autre moyen de survivre que d'utiliser la voie de récupération comme alternative. La voie de récupération nécessite une HGPRT fonctionnelle. En milieu HAT, les lignées cellulaires HGPRT-mourront car elles ne sont pas capables de synthétiser des acides nucléiques à partir de la voie de récupération. Seules les lignées cellulaires HGPRT+, qui sont les cellules d'hybridomes et les plasmocytes, survivront en présence d'aminoptérine. Les plasmocytes finiront par mourir car ce ne sont pas des lignées cellulaires immortelles, mais les cellules d'hybridomes qui sont immortalisées survivront. Ces cellules d'hybridome seront clonées pour produire des clones filles identiques sécrétant le produit anticorps monoclonal.

L'hybridome est une technologie qui fait référence à la production de lignées cellulaires hybrides, également appelées hybridomes. Pour ce faire, on fusionne un lymphocyte B spécifique produisant des anticorps avec une cellule B cancéreuse sélectionnée pour sa capacité à se développer en culture tissulaire et pour l'absence de synthèse de chaînes d'anticorps. Les anticorps produits ont tous la même spécificité et sont donc appelés anticorps monoclonaux.

4. Lymphocytes

Au cours de la dernière décennie, l'intérêt pour le développement des lymphocytes B a été revitalisé. Les événements moléculaires et cellulaires qui dirigent le développement des lymphocytes B font l'objet d'études intenses (Galloway, Ray, & Malhotra, 2003), (Youinou, 2007). Les lymphocytes B jouent un rôle dans le développement, la régulation et l'activation de l'architecture lymphoïde. Les lymphocytes B appartiennent à un groupe de globules blancs appelés lymphocytes. Ils constituent un élément essentiel du système immunitaire. Les lymphocytes B dérivent des cellules souches hématopoïétiques (CSH) dans la moelle osseuse, où ils passent par une série d'étapes séquentielles pour arriver à maturité. Les segments de gènes V, D et J du locus de la chaîne lourde d'Ig se réarrangent et produisent la diversité substantielle du récepteur BCR. Les cellules Pro-B ont réarrangé de manière productive leurs gènes d'Ig et passent au stade de cellules pré-B (figure 9). Ce stade, au cours duquel les cellules B quittent la moelle osseuse, est également appelé lymphocytes B immatures. Elles migrent vers la périphérie pour atteindre la rate où elles continueront à se développer et à mûrir (Youinou, 2007), (Carsetti, 2004). La durée de vie d'une cellule est définie comme la différence de temps entre sa génération et sa mort. Les expériences sur la durée de vie des cellules B donnent des estimations différentes, mais on constate généralement que leur durée de vie dépasse plusieurs semaines (Forster, 2004). Les cellules B se distinguent des autres lymphocytes, comme les cellules T et les cellules tueuses naturelles (cellules NK). La présence d'une protéine unique sur la surface externe des cellules B, connue sous le nom de récepteur d'antigène de cellule B (BCR), est une caractéristique distinctive.

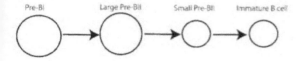

Figure 9 : Schéma de la différenciation des cellules B dans la moelle osseuse (Rolink, 2004).

Le récepteur de l'antigène des cellules B (BCR) est une protéine réceptrice spécialisée qui joue un rôle central dans le développement et la fonctionnalité des lymphocytes B. Il permet à une cellule B de se lier à un antigène spécifique, d'interagir avec lui et de façonner son avenir (Galloway, Ray et Malhotra, 2003) Il permet à un lymphocyte B de se lier à un antigène spécifique, d'interagir avec lui et de façonner son avenir (Galloway, Ray, & Malhotra, 2003). Les cellules humaines sont facilement disponibles et des études ont montré que la méthodologie du test *HPRT* permet d'identifier des mutations telles que le knock-out dans les lignées cellulaires (Parry & Parry, 2012). Il est possible de restaurer l'intégrité du locus *HPRT* en utilisant un vecteur de remplacement (Casola, 2004). Dans la maladie de Lesch-Nyhan, l'activité de l'HGPRT dans les érythrocytes est approximativement nulle (Nyhan, 2007).

5. HAT moyen

Le HAT est un milieu de sélection, généralement utilisé pour la culture de cellules de mammifères et le plus souvent pour la préparation d'anticorps monoclonaux. Le milieu HAT est composé d'hypoxanthine (une source de purine), d'aminoptérine (un inhibiteur de la synthèse de la purine et de la thymidine) et de thymidine (une source de pyrimidine) (Caskey & Kruh, 1979). L'hypoxanthine est un dérivé de la purine tandis que la thymidine est un désoxynucléoside et tous deux sont des intermédiaires dans la synthèse de l'ADN. L'aminoptérine, en revanche, est un médicament qui agit comme un inhibiteur du métabolisme des folates en inhibant la dihydrofolate réductase. L'idée qui sous-tend le milieu de sélection HAT est que l'aminoptérine bloque la synthèse de *novo* de l'ADN alors que l'hypoxanthine et la thymidine fournissent les éléments nécessaires pour échapper à ce blocage en utilisant une voie différente, la voie de récupération. Pour ce faire, les enzymes adéquates sont nécessaires et seules les cellules possédant des copies fonctionnelles des gènes pouvant coder ces protéines peuvent survivre. L'aminoptérine contenue dans le milieu HAT bloque la voie de récupération, ce qui conduit les cellules à utiliser leur voie endogène qui dépend de la fonctionnalité de l'enzyme HGPRT (Parry & Parry, 2012). Les cellules dépourvues d'activité HGPRT sont incapables de survivre en milieu HAT (Caskey & Kruh, 1979). La possibilité de sélectionner des cellules *HPRT+* en milieu HAT a été un outil majeur à la fin des années 70 pour l'établissement des positions chromosomiques des gènes humains par l'analyse des hybrides cellulaires inter-espèces (Caskey & Kruh, 1979).

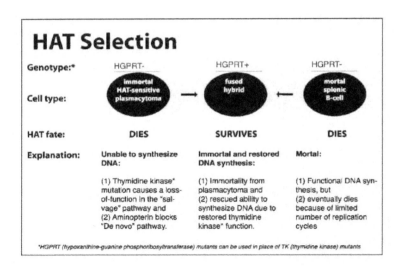

Figure 10 : Support de sélection HAT dans différentes situations en fonction du génotype.

Après traitement par CRISPR, les cellules mutantes *HPRT*- seront sélectionnées à l'aide de 6-TG. Les cellules *HPRT+* incorporeront le 6-TG dans leur ADN et finiront par mourir. Seules les cellules *HPRT*- survivront car elles ne pourront pas absorber cet analogue toxique.

Matériels et méthodes

La partie expérimentale s'est déroulée au Centre de médecine moléculaire (CMM) de l'hôpital universitaire Karolinska, dans le laboratoire Magnus Nordenskjold, L08:02. Tous les plastiques ont été achetés à SARSTEDT™ et les différents kits et produits chimiques ont été achetés à LifeTechnologies™, Sigma Aldrich™ et Novocib™.

1. Cellule mononucléaire blanche primaire Culture

Le sang humain périphérique a été obtenu par la clinique auprès de donneurs anonymes de sexe masculin. Les lymphocytes sont cultivés en suspension dans un incubateur à 37° C avec 5% de $CO2$. Le milieu utilisé est du RPMI 1640 avec 15% de sérum bovin fœtal désactivé par la chaleur (FBS). Des flacons cellulaires avec des bouchons ventilés de 25 cm^2 et 75 cm^2 ont été utilisés. Pour les protocoles concernant la culture et le traitement des cellules B, se référer aux annexes (Culture des lymphocytes), (Helgason & Miller , 2012), (Helgason & Miller, 2013), (Hua & Rajewsky, 2004). Le volume de travail du milieu pour le flacon de cellules de 25 cm^2 est de 10-12 ml alors que pour le flacon de 75 cm^2 est de 20 ml.

2. Support de sélection HAT

Un milieu 50X HAT de LifeTechnologies™ a été utilisé pour s'assurer que seules les cellules HGPRT+ pouvaient se développer. Pour chaque 100 vol. de milieu préparé, 2 vol. de solution mère de milieu HAT 50x sont utilisés. Pour plus d'informations concernant la préparation de la solution mère du milieu de sélection HAT, se référer à l'annexe (Préparation du milieu HAT).

3. Schéma expérimental

Le schéma expérimental peut être divisé en quatre étapes différentes. La première étape consiste à cultiver des cellules mononucléaires blanches dans un milieu 1640 RMPI avec 15 % de sérum bovin fœtal (FBS) pendant environ 3 à 5 jours ou jusqu'à ce que la concentration cellulaire souhaitée soit atteinte (environ 10^6 cellules). Dans l'étape suivante, les cellules sont laissées à croître dans le milieu HAT pendant 7 à 10 jours supplémentaires afin que seules les cellules HGPRT+ survivent (voir le chapitre sur le milieu HAT pour plus d'informations). Les lymphocytes sont alors prêts pour la transfection avec le plasmide CRISPR. La culture des cellules se poursuit en présence d'une concentration appropriée de 6-thioguanine pendant 4 à 7 jours. La concentration appropriée de 6-thioguanine peut être déterminée au moyen d'une expérience de courbe d'élimination (voir l'annexe : Déterminer la courbe d'élimination de la TG dans la section relative à la lignée cellulaire concernée). L'étape finale consiste à détecter si des changements se sont produits, tels que des insertions, des suppressions ou des changements de nucléotides simples. Trois protocoles différents ont été recrutés pour faciliter le processus de détection. Le premier est un kit de détection de clivage génomique qui utilise des enzymes de clivage, qui clivent tout ADN non apparié et peuvent être visualisés par électrophorèse sur gel. Une approche enzymatique est également utilisée pour détecter une baisse de l'activité enzymatique de l'HGPRTase. Cette approche utilise un spectrophotomètre pour détecter la perte d'activité entre les échantillons de contrôle et les échantillons traités. Le troisième moyen, et le plus rapide, de détecter si le traitement a fonctionné ou non est l'observation au microscope des cellules dans le milieu HAT. Le résultat attendu est une baisse de la densité cellulaire par rapport aux autres témoins traités au 6-TG. La figure suivante (figure 11) décrit les différentes étapes du processus expérimental.

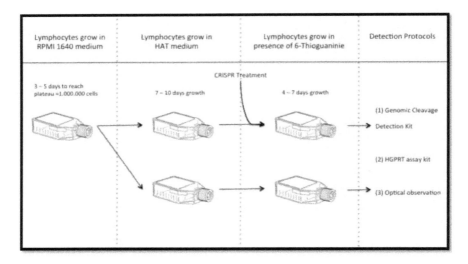

Figure 11 : Processus expérimental divisé en quatre grandes étapes. Les cellules blanches mononucléaires primaires se développent dans un milieu HAT pour garantir que seules les cellules HGPRT+ survivent. Les cellules sanguines sont traitées avec le système CRISPR et trois protocoles différents sont établis pour détecter les changements.

4. Traitement CRISPR

Conception de l'ARNg

Pour concevoir l'oligonucléotide qui sera utilisé comme ARNg, le site web suivant a été utilisé (http://crispr.mit.edu). Il s'agit d'un outil de conception CRISPR basé sur le web qui simplifie le processus de sélection d'une séquence guide CRISPR dans une entrée ADN. Pour éviter les événements hors cible, il identifie toutes les séquences similaires à la séquence cible et met également en évidence les guides à haute spécificité. Pour utiliser cet outil web, il suffit d'entrer la séquence d'ADN souhaitée et de choisir le génome cible (humain, souris, poisson zèbre, etc.). Cet outil en ligne fournit des conseils pour les événements hors cible, mais aussi une analyse des nickases combinée à des taux de notation pour permettre le choix de la séquence qui sera utilisée. Idéalement, la séquence d'oligonucléotides devrait être de 21 paires de bases (pb), mais elle peut être de 18 à 25 pb. Pour ce projet, un vecteur CRISPR équipé d'une protéine fluorescente orange (OFP) dans un kit de LifeTechnologies™ a été utilisé. Deux oligonucléotides d'ADN simple brin avec des surplombs appropriés pour compléter le vecteur linéarisé (Figure 12) ont dû être conçus pour compléter le vecteur, comme on peut le voir dans le tableau 1 ci-dessous.

Tableau 1 : oligonucléotides d'ADN simple brin présentant une séquence d'ordre de surplomb appropriée.

20

	Order Sequence 5' to 3' *Note*: 5 bp 3' overhang are for cloning into the GeneArt® CRISPR Nuclease vectors	Exon target	Length (bp)
Forward	5'-…………GGCTTATATCCAACACTTCG GTTTT-3'	Exon 7	25
Reverse	5'-GTGGC CCGAATATAGGTTGTGAAGC…………-3'		
Forward	5'-…………TCTTGCTCGAGATGTGATGA GTTTT-3'	Exon 3	25
Reverse	5'-GTGGC AGAACGAGCTCTACACTACT…………-3'		

Lors de la conception de la séquence cible, trois éléments doivent généralement être pris en compte. Le premier est la longueur de la séquence et la disponibilité d'un motif NGG. Celui-ci doit avoir une longueur d'environ 19 à 20 nucléotides et être adjacent à une séquence de motif adjacent proto-spacer (PAM) NGG. Deuxièmement, et tout aussi important, l'homologie de la séquence cible avec d'autres gènes ne doit pas être significative, car cela pourrait entraîner des effets hors cible. Enfin, l'orientation du locus cible doit être notée : code-t-il la séquence sens ou antisens ? Les oligonucléotides ont été commandés auprès de Thermo scientific™ et reçus sous forme lyophilisée. Les oligonucléotides d'ADN simple brin conçus et synthétisés se recuisent pour produire des oligonucléotides double brin (oligonucléotides ds) qui peuvent s'adapter parfaitement au vecteur linéarisé fourni par le kit. Des solutions mères appropriées d'oligonucléotides ds sont préparées et apportées à l'étape de la réaction de ligature.

Réaction de ligature

Le plasmide est fourni linéarisé avec des surplombs 3' de 5 paires de bases sur chaque brin, comme le montre la figure 12 ci-dessous. Aux nucléotides 6732 et 6752, un gène OFP est ajouté pour faciliter le tri. Le mélange de ligature est incubé pendant au moins 10 minutes à température ambiante (25-27° C). Le temps d'incubation peut être prolongé jusqu'à 2 heures, ce qui permet d'obtenir des rendements plus élevés. Après le temps d'incubation, les E. coli compétents One Shot® TOP10 sont transformés avec la construction CRISPR nucléase résultante.

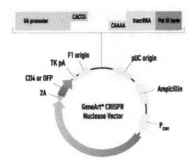

Figure 12 : GeneArt® CRIPSR Nuclease Vector (de *LifeTechnologies*).

Transformer des cellules E. *coli* compétentes

One Shot® TOP10 Des E. *coli* compétents sont transformés avec la construction de nucléase CRISPR résultante. Le milieu S.O.C. est utilisé pour faciliter la procédure de transformation. Les cellules E. *coli* sont étalées sur des plaques de gélose LB préchauffées contenant 100 µg/ ml d'ampicilline. La concentration de LB pour 500 ml était de 5 g de Tryptone, 2,5 g d'extrait de levure et 5 g de NaCl. Une réaction de ligature efficace peut produire plus d'une centaine de colonies au total.

Isolement des plasmides

Afin d'isoler le plasmide souhaité et de l'utiliser pour la transformation des lymphocytes, le kit de purification de l'ADN par filtrage des plasmides PureLink®HiPure de LifeTechnologies™ a été utilisé. Les E.*coli* transformés ont été laissés en croissance dans le milieu LB pendant la nuit, 25 à 100 ml ont été utilisés pour le processus de purification. Le processus est divisé en deux phases. La première phase consiste en 8 étapes simples au cours desquelles l'isolement de l'ADN plasmidique a lieu. L'ADN purifié est obtenu dans le tube d'élution final. La deuxième phase consiste à précipiter l'ADN plasmidique. Dix étapes sont nécessaires pour cette phase et à la fin de celle-ci, l'ADN plasmidique est prêt à être utilisé dans le protocole de transfection ou à être stocké à -20° C pour une utilisation ultérieure.

Transfection des lymphocytes

Il existe différentes méthodes pour transfecter des plasmides dans des lignées cellulaires de mammifères. Certaines incluent le phosphate de calcium, d'autres sont des techniques à médiation liquide et d'autres encore l'électroporation. Pour cette série d'expériences, le réactif Lipofectamine®2000 de LifeTechnologies™, à base de lipides cationiques, a été utilisé. Les cellules ensemencées doivent être confluentes à 70 % le jour de la transfection. La procédure de transformation est simple et ne prend qu'une journée avec 6 étapes. L'ADN dilué est ajouté à un mélange avec le réactif Lipofectamine®2000 dans un rapport de 1:1 et est laissé à incuber pendant 5 minutes à température ambiante. Après incubation, le mélange est ajouté aux cellules et, dans les 2 à 4 jours qui suivent, les cellules transfectées sont analysées par microscopie à fluorescence. L'efficacité du protocole de transfection doit être examinée. Pour ce faire, le marqueur OFP contenu dans la séquence plasmidique (figure 12) doit être pris en compte. Si les cellules ont accumulé le plasmide, le marqueur OFP sera exprimé et pourra être observé au microscope à fluorescence en utilisant les filtres appropriés. L'avantage de l'OFP est que la couleur orange se situe entre le vert et le rouge (figure 13) et qu'elle peut donc être détectée par les deux types de filtres (rouge et vert).

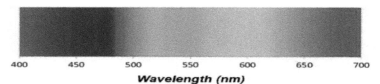

Figure 13 : Spectre de la longueur d'onde de la lumière visible.

Les cellules de la plaque à 6 puits ont été placées sur des lames de microscope et protégées par une lamelle couvre-objet. Le milieu de montage DPI Vectashield® pour fluorescence a été utilisé pour colorer le noyau et rendre les cellules plus faciles à voir.

5.   Tests de détection

Courbe de mortalité TG

Des plaques à 6 puits ont été installées et la thioguanine chimique a été ajoutée aux cultures à des concentrations prédéfinies. Une courbe d'élimination a été réalisée à l'aide de la 6- Thioguanine de Sigma Aldrich™. Trois concentrations différentes ont été utilisées pour trouver et optimiser la dose de destruction, 30mM, 41 mM et 60mM. Les cellules ont été placées dans des plaques à 6 puits avec les concentrations appropriées de thioguanine et laissées en croissance pendant 5 à 7 jours. Pour plus d'informations, voir l'annexe (Déterminer la courbe d'élimination de la thioguanine dans la lignée cellulaire concernée).

Compte de viabilité

Pour évaluer la viabilité de la culture cellulaire, un protocole d'exclusion du bleu trypan a été utilisé. Une solution de bleu trypan avec 1X PBS à une dilution de 1:10 a été préparée. Deux dilutions différentes de 1:5 de la suspension cellulaire ont été réalisées à l'aide du tampon de la solution de bleu trypan. Un temps d'attente d'environ 1 minute a été donné pour colorer les cellules mortes. 10 µl de chaque tube ont été prélevés dans une chambre différente d'un hémocytomètre. Les cellules ont été observées au microscope à un grossissement de 10x. Le nombre total de cellules vivantes et mortes dans les quadrants a été compté. Le pourcentage de viabilité et la moyenne des cellules par ml sont calculés comme décrit dans l'annexe.

Kit de clivage de l'ADN

Pour détecter un clivage spécifique de l'ADN génomique, le kit de détection de clivage génomique GeneArt® de LifeTechnologies™ a été utilisé. Ce test simple et rapide utilise de l'ADN génomique qui est extrait de cellules transfectées qui ont été préalablement modifiées avec une technique d'édition du génome comme CRISPR/ Cas9. Les insertions ou délétions génomiques sont créées par les mécanismes de réparation cellulaire. Les loci où se produisent les cassures double brin spécifiques au gène sont amplifiés par PCR. Le produit de la PCR est dénaturé et recomposé. Les mésappariements sont détectés et clivés par une enzyme de détection. Tout produit de clivage peut être détecté comme une bande supplémentaire par électrophorèse sur gel.

Conception d'amorces pour la PCR

Des amorces ont dû être conçues pour la PCR. Le site web UCSC Genome Bioinformatics (http://genome-euro.ucsc.edu/index.html) a été utilisé pour récupérer la séquence du génome du gène *HPRT* autour de la zone d'exons souhaitée. Le logiciel Primer3 (http://bioinfo.ut.ee/primer3/) a été utilisé pour sélectionner les amorces à partir de la séquence d'ADN insérée. L'outil Primer-BLAST du NCBI (http://www.ncbi.nlm.nih.gov/tools/primer-blast/) a également été utilisé pour vérifier le choix des amorces et minimiser le risque d'amplifier un locus différent de celui souhaité pendant la PCR. La figure 14 et la figure 15 montrent le locus cible de l'amorce directe et de l'amorce inverse ainsi que l'amplicon attendu du produit de la PCR pour l'exon 7 et l'exon 3 respectivement. La longueur du produit pour l'exon 7 est de 349 paires de bases, tandis que pour l'exon 3, elle est de 368 pb.

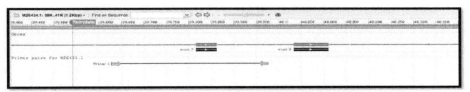

Figure 14 : Amorces avant et arrière avec région d'amplicon pour l'exon 7 du gène *HPRT*.

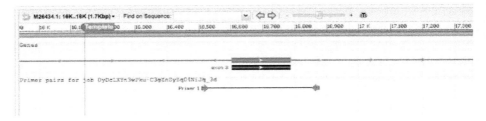

Figure 15 : Amorces avant et arrière avec région d'amplicon pour l'exon 3 du gène *HPRT*.

Pour obtenir un meilleur produit PCR, la conception des amorces doit répondre à certaines conditions préalables :

(i)   Les amorces doivent avoir un Tm>55 C,°

(ii)   Leur longueur doit être comprise entre 18 et 22 paires de bases et leur teneur en GC doit être comprise entre 45 et 60 %,

(iii) Pour une amplification efficace, les amorces doivent être conçues de manière à produire des amplicons d'une longueur comprise entre 400 et 500 paires de bases.

(iv) La conception doit également être telle que le site de clivage potentiel ne se trouve pas au centre de l'amplicon, sinon l'enzyme de détection qui sera utilisée produira deux bandes de produit distinctes.

Un rapport détaillé concernant les amorces de l'exon 7 et de l'exon 3 figure dans le tableau 2.

Tableau 2 : Rapport détaillé des amorces pour l'exon 7 et l'exon 3 du gène *HPRT*.

Exon 7 primer report						
	Sequence (5'->3')	**Length**	**Start**	**Stop**	**Tm**	**GC%**
Forward primer	TGCTGCCCCTTCCTAGTAATC	21	39628	39648	59.23	52.38
Reverse Primer	ACTGGCAAATGTGCCTCTCT	20	39976	39957	59.60	50.00
Product length	349					
Exon 3 primer report						
	Sequence (5'->3')	**Length**	**Start**	**Stop**	**Tm**	**GC%**
Forward primer	CCAGGTTGGTGTGGAAGTTT	20	16509	16528	58.22	50.00
Reverse Primer	TGAAAGCAAGTATGGTTTGCAG	22	16876	16855	57.76	40.91
Product length	368					

Kit de dosage HGPRT

Le kit de dosage PRECICE® HPRT de *NovoCIB* est un outil enzymatique permettant de contrôler en continu l'activité de l'HGPRT par spectrophotométrie. Avec ce test, l'activité de l'HGPRT est mesurée en tant que taux de production d'IMP. L'IMP est oxydé par l'enzyme IMPDH recombinante en réduisant le NAD^+ en NADH, comme le montre la figure 16. Ce test est développé pour mesurer l'activité de l'HGPRT *in vitro* ou dans des lysats de cellules.

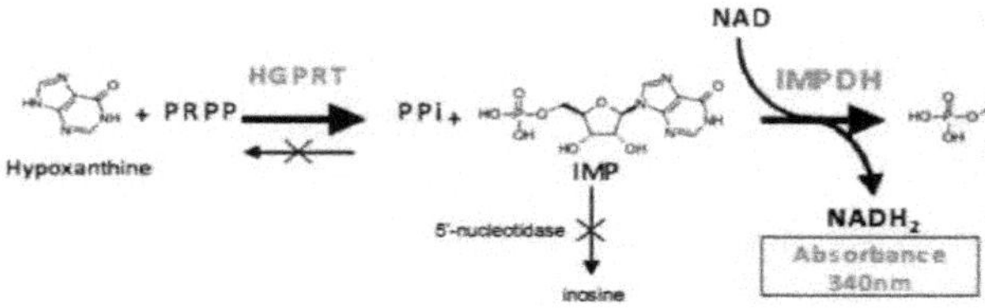

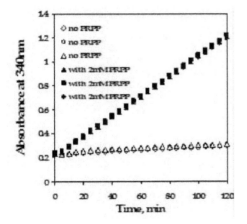

Figure 16 : Approche enzymatique du kit de dosage PRECICE® HPRT

Une plaque de 96 puits est utilisée pour l'essai enzymatique (PRECICE® HPRT Assay Kit). Les microplaques sont préparées selon le protocole fourni. La densité optique (DO) à 340 nm est utilisée et la réaction est surveillée à 37° C pendant 2 heures avec une collecte de données toutes les 5 minutes. En général, les tests enzymatiques sont très délicats et peuvent être affectés par les conditions environnementales. Dans cet essai, l'activité de la HGPRT est mesurée par l'absorbance à 340 nm. La PRPP (α-D-5-phosphoribosyl-1-pyrophosphate) est très instable une fois dissoute. Il est utilisé dans ce test enzymatique. L'activité HGPRT est calculée et les échantillons de contrôle et les échantillons transfectés sont comparés comme le montre la figure 17. L'activité HGPRT est calculée par la formule suivante :

$$(3) \quad \text{HPRT Activity (in nmol/ml/hour)} = \frac{AR_{PRPP} - AR_{BLANK}}{\varepsilon * l} * 10^6,$$

ε = coefficient d'extinction molaire du NADH à 340 nm : 6220 M-1cm-1 l = est la longueur du trajet : 0,789 pour 200 µl de puits à fond rond d'une microplaque de 96 puits.

Figure 17 : Diagramme de l'activité attendue de l'HPRT. Evolution temporelle de la formation d'IMP par l'HPRT humaine incubée en présence de PRPP dans un tampon de réaction standard ou en son absence (NovoCIB).

Résultats

1. Recherche de gènes et sélection de séquences cibles

Différents sites web ont été utilisés pour recueillir des données sur le gène, le locus génomique, sa structure, etc. Les informations initiales concernant le gène *HPRT1* ont été recueillies, comme indiqué à la section 3. gène *HPRT1*, sur le site Genetics Home Reference (http://ghr.nlm.nih.gov/gene/HPRT1).

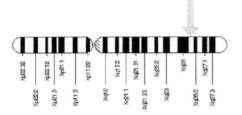

Figure 18 : Localisation moléculaire du gène *HPRT1* sur le chromosome X. Localisation cytogénétique : Xq26.1

Le site web Online Mendelian Inheritance in Man® (OMIM®) a permis de mieux comprendre le gène et l'expression de la HGPRTase. Le code d'entrée OMIM® pour l'Hypoxanthine Guanine Phosphoribosyltransférase est 30800 (http://omim.org/entry/308000).

Le site web du National Center for Biotechnology Information (NCBI) a fourni des informations supplémentaires sur la séquence du génome, le nombre d'exons et la séquence transcrite (http://www.ncbi.nlm.nih.gov/nuccore/M26434). Pour plus d'informations, voir la section 3. Gène *HPRT1*. Le numéro d'accession du gène *HPRT* dans GenBank est M26434.1.

Ensembl est une base de données génomiques utilisée pour récupérer des données concernant la séquence du génome et le nombre de transcrits des gènes. Le *gène HPRT* possède 3 transcrits dont un seul donne un produit protéique. L'identifiant de version Ensembl du gène *HPRT* est ENSG00000165704 (http://www.ensembl.org/Homo sapiens/Gene/Summary?g=ENSG00000165704;r=X;1 33594183-133654543).

Name	Transcript ID	Length (bp)	Protein ID	Length (aa)	Biotype	CCDS	GENCODE basic
HPRT1-001	ENST00000298556	1407	ENSP00000298556	218	Protein coding	CCDS14841	Y
HPRT1-002	ENST00000462974	724	No protein product	-	Processed transcript	-	Y
HPRT1-003	ENST00000475720	599	No protein product	-	Processed transcript	-	-

Figure 19 : Image Ensembl montrant des informations sur les transcriptions des gènes.

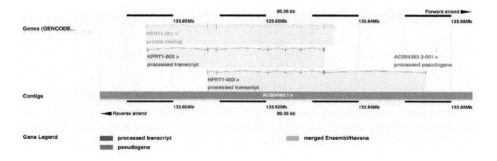

Figure 20 : image tirée d'Ensembl montrant la partie codant pour la protéine *HPRT1* et le transcrit traité par *HPRT* sur le locus génomique.

Après l'analyse du génome, l'étape suivante consiste à décider de la séquence à cibler. Pour ce faire, l'outil CRIPSR Design (http://crispr.mit.edu) a été utilisé, en gardant à l'esprit les conditions préalables décrites dans la section 4. traitement CRISPR. L'analyse a montré que les séquences guides pour l'exon 3 et l'exon 7 ont obtenu le score de qualité le plus élevé en termes de ciblage hors locus et d'efficacité de la nickase. L'analyse de l'exon 3 est présentée à la figure 21 (http://crispr.mit.edu/job/67502154097707190), tandis que l'analyse de l'exon 7 est présentée à la figure 21 (http://crispr.mit.edu/job/6040241423828172). Conformément à l'étude bibliographique qui a été menée et qui est décrite dans la section 3.2 Syndrome de Lesch-Nyhan, l'exon 3 et l'exon 7 semblent être les bonnes séquences à cibler. L'exon 7 a un score de qualité globale de 89 et l'exon 3 de 74. La séquence guide de l'exon 3 a une probabilité plus élevée d'événement hors cible que la séquence guide de l'exon 7, mais par rapport à d'autres parties du gène, les deux séquences ont des probabilités d'événement hors cible relativement faibles. Les parties exoniques des loci hors cible qui peuvent potentiellement être ciblées ont été étudiées et aucune n'est impliquée dans des voies essentielles pour la croissance cellulaire, la voie de récupération ou même le métabolisme du milieu HAT.

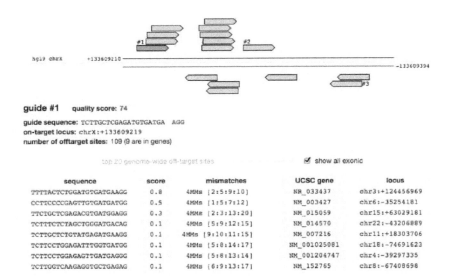

guide #1   quality score: 74

guide sequence: TCTTGCTCGAGATGTGATGA AGG
on-target locus: chrX:+133609219
number of offtarget sites: 109 (9 are in genes)

top 20 genome-wide off-target sites   ☑ show all exonic

sequence	score	mismatches	UCSC gene	locus
TTTTACTCTGGATGTGATGAAGG	0.8	4MMs [2:5:9:10]	NR_033437	chr3:+124456969
CCTTCCCCGAGTTGTGATGATGG	0.5	4MMs [1:5:7:12]	NM_003427	chr6:-35254181
TTCTGCTCGAGACGTGATGGAGG	0.3	4MMs [2:3:13:20]	NM_015059	chr15:+63029181
TCTTTCTCTAGCTGGGATGACAG	0.1	4MMs [5:9:12:15]	NM_014570	chr22:-43206889
TCTTGCTCTGTATGAGATGAAGG	0.1	4MMs [9:10:11:15]	NM_007216	chr11:+18303706
TCTTCCTGGAGATTTGGTGATGG	0.1	4MMs [5:8:14:17]	NM_001025081	chr18:-74691623
TCTTCCTGGAGAGTTGATGAGGG	0.1	4MMs [5:8:13:14]	NM_001204747	chr4:-39297335
TCTTGGTCAAGAGGTGCTGAGAG	0.1	4MMs [6:9:13:17]	NM_152765	chr8:-67408698

Figure 21 : Analyse de la séquence cible de l'exon 3. Le guide 1 obtient le score de qualité le plus élevé (74) et est indiqué sur le chromosome X dans une orientation sens. La possibilité d'événements hors cible est également illustrée dans ce graphique. Les locus hors cible potentiels sont marqués et la probabilité correspondante est indiquée sous forme de score.

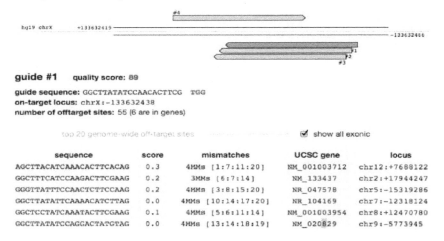

guide #1   quality score: 89

guide sequence: GGCTTATATCCAACACTTCG TGG
on-target locus: chrX:-133632438
number of offtarget sites: 55 (6 are in genes)

top 20 genome-wide off-target sites   ☑ show all exonic

sequence	score	mismatches	UCSC gene	locus
AGCTTACATCAAACACTTCACAG	0.3	4MMs [1:7:11:20]	NM_001003712	chr12:+7688122
GGCTTTCATCCAAGACTTCGAAG	0.2	3MMs [6:7:14]	NM_133437	chr2:+17944247
GGGTTATTTCCAACTCTTCCAAG	0.2	4MMs [3:8:15:20]	NR_047578	chr5:-15319286
GGCTTATATTCAAAACATCTTAG	0.0	4MMs [10:14:17:20]	NR_104169	chr7:-12318124
GGCTCCTATCAAATACTTCGAAG	0.1	4MMs [5:6:11:14]	NM_001003954	chr8:+12470780
GGCTTATATCCAGGACTATGTAG	0.0	4MMs [13:14:18:19]	NM_020829	chr9:-5773945

Figure 22 : Analyse de la séquence cible de l'exon 7. Le guide 1 obtient le score de qualité le plus élevé (89) et est indiqué sur le chromosome X dans une orientation antisens. La possibilité d'événements hors cible est également illustrée dans ce graphique. Les locus hors cible potentiels sont marqués et la probabilité correspondante est indiquée sous forme de score.

Un plasmide prêt à l'emploi avec la séquence pour l'Exon 7, comme on peut le voir dans le tableau 1, a été commandé auprès de LifeTechnologies™. Des oligonucléotides pour la séquence guide de l'Exon 3 ont été commandés et la procédure de ligature a été suivie comme décrit dans la section 4, Traitement CRISPR, pour transformer les cellules compétentes d'E. *coli.*

2.   Cellule mononucléaire blanche primaire Culture

Les cellules mononucléaires blanches primaires du sang périphérique ont été obtenues par la clinique auprès d'un donneur anonyme de sexe masculin à raison d'environ 2 ml. La totalité de la quantité a été transférée dans un flacon cellulaire de 25 cm^2 avec du milieu RPMI 1640 et 15 % de FBS. La fiole cellulaire a été incubée à 37° C avec 5 % de **CO2** et traitée avec les protocoles décrits en annexe (voir Culture des lymphocytes) pendant près de 3 semaines. Après 3 semaines, toutes les cellules sont mortes. Avant cela, entre le 13e jour[th] et le 16e jour[th] , les cellules ont commencé à perdre leur forme et à devenir de plus en plus petites.

Figure 23 : Sang périphérique prélevé par la clinique.

Les données préliminaires qui ont été menées pour déterminer la viabilité des cellules, la durée de vie et également établir les protocoles pour la première fois au laboratoire ont permis d'obtenir la feuille de croissance suivante (voir figure 24). Le nombre de cellules diminue rapidement après plusieurs divisions consécutives et un traitement intense des cellules a eu lieu pour déterminer les meilleures approches de protocole. Cependant, il faut noter que la concentration initiale de cellules récupérées par la clinique est plutôt élevée et tout à fait satisfaisante pour mener des recherches. La concentration initiale était d'environ 2 * 10^7 cellules. La figure 25 montre une autre feuille de croissance et l'on peut voir que les lymphocytes ont pu se maintenir ou même se développer avec un traitement approprié. Les données préliminaires indiquent que la durée de vie des lymphocytes en culture cellulaire peut être prolongée jusqu'à trois semaines. Les expériences sur la courbe d'élimination montrent que la concentration la plus élevée de thioguanine est la plus appropriée puisqu'après 7 jours de culture, moins de 5 % des cellules survivent.

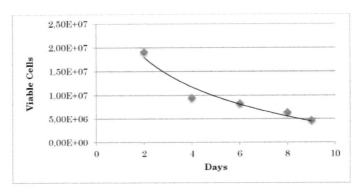

Figure 24 : Données de la feuille de croissance cellulaire. La concentration de départ correspond au nombre de cellules fournies par la clinique. Les cellules se sont développées dans un milieu RPMI 1640 avec 15 % de FBS dans un flacon de 25 cm2.

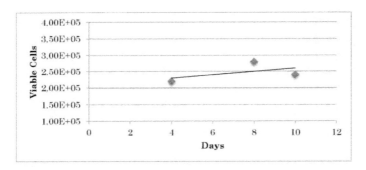

Figure 25 : Données de la feuille de croissance cellulaire. La cellule s'est développée dans un milieu RPMI 1640 avec 15 % de FBS dans un flacon de 75 cm2.

Après avoir établi les différents protocoles et s'être familiarisé avec le traitement des cellules, une deuxième série d'expériences a été réalisée, incluant désormais le traitement CRISPR. Une fois de plus, les cellules de la couche leucocytaire du sang périphérique ont été obtenues par la clinique auprès d'un donneur anonyme de sexe masculin, à raison d'environ 2 ml. La totalité de la quantité a été transférée dans un flacon cellulaire de 25 cm^2 avec du milieu RPMI 1640 et 15 % de FBS. La fiole cellulaire a été incubée à 37° C avec 5 % de $CO2$. La concentration initiale de cellules viables au premier jour de la procédure expérimentale était d'environ $2,2 * 10^7$ cellules, comme le montre la figure 26. Les cellules ont été laissées en expansion pendant 4 jours, puis ont été réparties dans deux flacons cellulaires[2] de 75 cm (figure 29) ; l'un était destiné à servir de stock pour le traitement CRISPR et contenait 15 % de FBS, tandis que l'autre était utilisé comme échantillon de contrôle et ne contenait que du milieu RPMI 1640.

Figure 26 : Premier jour de la procédure expérimentale. Les lymphocytes ont été transférés dans un flacon cellulaire de 25 cm² et sont incubés à 37° C avec 5% de CO2.

Les deux cultures ont été contrôlées tout au long du processus expérimental, en mesurant la viabilité de la culture et la concentration cellulaire. La figure 27 montre la feuille de croissance de la fiole cellulaire destinée au traitement CRIPSR.

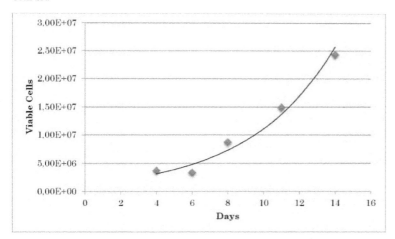

Figure 27 : Données expérimentales de la feuille de croissance cellulaire destinée au traitement CRISPR. Les cellules ont poussé dans un milieu RPMI 1640 avec 15 % de FBS dans un flacon de 75 cm2.

Les lymphocytes semblent se développer efficacement. D'après les observations optiques, il semble que les cellules se développent mais deviennent de plus en plus petites avec le temps et surtout après le 14e jour[th] . Les cellules ne sont en aucune façon stimulées par le système de réponse immunitaire et la division consécutive rend les cellules plus petites. Un autre résultat intéressant peut être déduit de la comparaison de la courbe de croissance des cellules des deux flacons de cellules (voir Figure 27 & Figure 28). Les deux feuilles de croissance différentes ont été créées à partir de la même culture préliminaire. Les deux ont été cultivées dans les mêmes conditions, mais seule celle destinée au traitement CRISPR (Figure 26) a été cultivée en présence de 15 % de FBS. Il semble que le FBS ait un effet bénéfique sur la croissance des lymphocytes et puisse maintenir la culture en nombre de cellules viables.

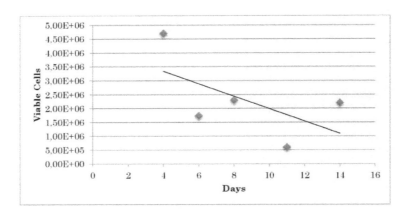

Figure 28 : Données expérimentales de la feuille de croissance de la culture de contrôle cellulaire. Les cellules ont poussé dans un milieu RPMI 1640 dans un flacon de 75cm2.

Figure 29 : Flocons de culture cellulaire de 75 cm^2 . L'un est destiné au traitement CRISPR et l'autre sert de contrôle.

Chaque fois qu'une nouvelle culture cellulaire était testée, un test à la thioguanine devait être effectué pour vérifier la concentration de destruction (Figure 30). Pour les deux cultures cellulaires (études préliminaires et essai final), la concentration de thioguanine qui semblait tuer plus de 95 % des cellules était la plus forte dose administrée, 10µg/ml. Il existe une possibilité de mutation aléatoire qui conduira à la survie des cellules et qui est calculée à environ 2% de la population totale (Jacobs & DeMars, 1984).

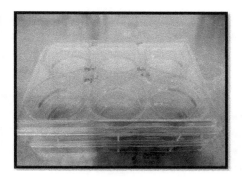

Figure 30 : Expérience de la courbe d'élimination. Des plaques à 6 puits contenant trois concentrations différentes de TG ont été placées en triple.

3. Croissance d'E. *coli* et isolement des plasmides

Pour réaliser la transfection de cellules de mammifères et traiter avec succès les cellules avec le système CRISPR, des quantités suffisantes de vecteur doivent être produites. Nous utilisons la culture bactérienne E. *coli* pour le produire. Comme expliqué précédemment dans le chapitre "Gene search and target sequence selection" de la section résultat, deux exons ont été ciblés, l'exon 3 et l'exon 7. Deux séquences d'oligonucléotides ont dû être ligaturées et transformées en cellules E. *coli* compétentes. Les cellules E. *coli* compétentes One Shot® TOP10 ont été transformées avec 3 µl de la construction CRISPR nucléase résultante. Le milieu S.O.C. a été utilisé pour faciliter la procédure de transformation. Les cellules E. *coli* sont étalées sur des plaques de gélose LB préchauffées contenant 100 µg/ ml d'ampicilline. Une réaction de ligature efficace peut produire plus d'une centaine de colonies au total. Plusieurs tentatives différentes ont été effectuées à partir de la construction correspondant à l'exon 3, mais elles n'ont pas produit un nombre suffisant de colonies. Différentes quantités de réaction de ligature ont été essayées, le temps d'incubation a été prolongé et la quantité de milieu S.O.C. a été augmentée afin de lever l'obstacle du faible rendement. Les efforts n'ont pas abouti ; le vecteur CRISPR était probablement dénaturé et n'a pas pu produire le nombre de colonies escompté. Il est possible qu'une ligase fraîche, adéquatement conservée au froid, avec un remplacement de tous les tampons, puisse apporter le résultat escompté. L'exon 7 a été ciblé par un plasmide fait sur mesure. Le plasmide est arrivé dans un stock de glycérol dont seule une petite partie a été transférée à l'aide d'un bâtonnet pour ensemencer des cellules bactériennes sur des plaques de gélose LB contenant 100-µg/ ml d'ampicilline. Les bactéries ont été laissées pendant la nuit dans un incubateur pour se développer et le jour suivant étaient prêts à cueillir une colonie et procéder à la culture liquide et l'extraction de plasmide comme décrit dans 4. Isolation du plasmide section. Après l'isolement du plasmide, un spectrophotomètre Nanodrop a été utilisé pour quantifier la quantité de plasmide extraite. Une concentration élevée a été isolée, 659,12 µg/ µl et le rapport 260:280 était à 1,88 indiquant un relativement pur avec un rapport élevé de l'ADN à l'échantillon de protéines.

4. Efficacité de la transfection

Le réactif Lipofectamine®2000 à base de lipides cationiques de LifeTechnologies™ a été utilisé pour le protocole de transfection. Quatre concentrations différentes de Lipofectamine®2000, 6 ; 9 ; 12 et 15 µg/ml ont été testées. Un échantillon témoin avec seulement des lymphocytes et un échantillon témoin avec les cellules et le vecteur, sans

Lipofectamine®2000, ont également été ensemencés dans une plaque de 6 puits. Après 4 à 6 jours, les cellules étaient prêtes pour les tests du protocole de détection. De manière inattendue, les cellules de l'échantillon de contrôle sans même le plasmide semblaient être auto-fluorescentes et les cellules ne pouvaient pas être clairement détectées dans l'échantillon.

5. Tests de détection

Le moyen le plus rapide de savoir si le traitement a fonctionné ou non est de procéder à une évaluation de la viabilité. Le résultat attendu est que l'échantillon traité présente une concentration de cellules plus élevée que l'échantillon de contrôle et qu'un gradient de concentration cellulaire soit observé pour les différentes concentrations de Lipofectamine utilisées. De même, l'échantillon de contrôle de la plaque à 6 puits doit correspondre en nombre de cellules viables à celui de la solution mère. Dans la figure 31, ces hypothèses peuvent être satisfaites. Cependant, le nombre de cellules viables dans les deux échantillons de contrôle est plutôt élevé par rapport à celui de la plus faible concentration de Lipofectamine. L'échantillon de transfection avec 15 µg de Lipofectamine semble avoir une concentration cellulaire plus élevée par rapport aux échantillons de contrôle et le gradient de concentration cellulaire dépendant de la dose attendu entre les différentes quantités de Lipofectamine peut également être observé. Il faut noter que la Lipofectamine à des concentrations élevées est toxique et provoque la mort des cellules. Un autre fait intéressant est la comparaison entre les deux échantillons de contrôle différents. L'un des échantillons proviennent de la plaque à 6 puits, où le traitement CRISRP a été effectué, et l'autre provient du flacon cellulaire de 75 cm² qui a été utilisé pour l'inoculation. Dans la figure 31, on peut observer que les deux échantillons de contrôle ne s'écartent pas beaucoup et semblent se situer dans la même gamme de cellules viables, ce qui signifie que les cellules se sont développées de manière similaire.

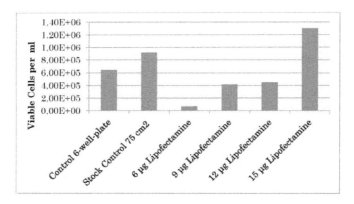

Figure 31 : Comparaison entre deux échantillons de contrôle différents et quatre concentrations différentes de Lipofectamine.

Deux tests ont été utilisés pour détecter plus efficacement les éventuelles mutations génétiques. Le premier est un test de clivage génomique de l'ADN (GeneArt® Genomic Cleavage Detection Kit) et l'autre est un test enzymatique (PRECICE ® HPRT Assay Kit). Pour les deux tests, la première étape a consisté à récolter les cellules. Pour ce faire, la culture a été centrifugée à 200 g pendant 5 minutes et la suspension a été aspirée. Les culots cellulaires ont été conservés à -80° C en vue d'une utilisation ultérieure.

Le test du kit de détection du clivage génomique GeneArt® peut être divisé en deux parties. La première partie concerne la lyse cellulaire et l'extraction de l'ADN, tandis que la seconde partie concerne le test de clivage. Pour les deux parties, le manuel a été suivi. En résumé, la lyse des cellules, l'extraction de l'ADN et l'amplification par PCR (voir : Conception des amorces pour la PCR) ont lieu dans la première partie. Une électrophorèse avec un gel d'agarose à 2% pendant 30 minutes à faible voltage est nécessaire pour vérifier le produit PCR, comme le montre la figure 32. Une seule bande claire de la taille correcte (350 bases) doit être présente pour passer à la deuxième partie. Si aucune bande de la taille attendue n'est observée, l'optimisation des conditions de la PCR, y compris les amorces, la température de recuit et la quantité de volume de lysat, doit être reconsidérée jusqu'à l'obtention d'un produit PCR de bonne qualité. Dans notre cas, les 15 µg d'échantillon de Lipofectamine, rangée 3 dans l'électrophorèse sur gel (Figure 32), semblent avoir une bande unique faible de la taille appropriée. L'échantillon de contrôle à la ligne 2 est là pour vérifier que les conditions de la PCR étaient optimales. La faible bande que nous obtenons est probablement due au faible nombre de cellules utilisées pour l'expérience. Le nombre minimum de cellules à utiliser est de 50.000 cellules et pour l'expérience nous avons utilisé environ 30.000 cellules.

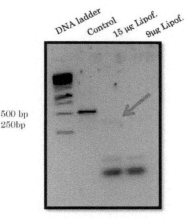

500 bp
250bp

Figure 32 : Produit de vérification de la PCR. Échelle d'ADN, échantillon de contrôle, 15 µg d'échantillon de Lipofectamine, 9 µg d'échantillon de Lipofectamine.

La deuxième partie consiste à mettre en place et à exécuter la réaction de dénaturation et de recuit et à cliver l'ADN potentiellement inséré, supprimé ou mal apparié. Le produit PCR amplifié peut être utilisé dans l'essai de clivage sans purification supplémentaire. Un contrôle enzymatique négatif pour chaque échantillon est inclus à titre de bonne pratique afin de distinguer les bandes de fond du produit de clivage attendu. L'ADN hétéroduplex contenant l'insertion, la délétion ou l'ADN mal apparié potentiel est clivé par l'enzyme de détection, ce qui permet de quantifier le pourcentage de modification du gène sur une analyse de gel. L'électrophorèse se déroule pendant 30 minutes à basse tension et le gel est visualisé à l'aide d'un transilluminateur UV. L'efficacité de clivage est déterminée par la formule suivante :

(1)   Efficacité du clivage= $1-[(1\text{-fraction clivée})]^{1/2}$

35

(2)   Fraction clivée = somme des intensités des bandes clivées/(somme des intensités des bandes clivées et parentales)

La figure 33 montre l'essai de détection du clivage pour le gène *HPRT*, tandis que la figure 34 montre un exemple de gel d'essai de détection du clivage génomique. Le résultat attendu devrait être la présence d'une bande claire de 350 paires de bases et d'une ou deux autres bandes de taille inférieure. Cependant, cela n'a pas été le cas car le nombre approprié de cellules n'était pas disponible pour cette série d'expériences.

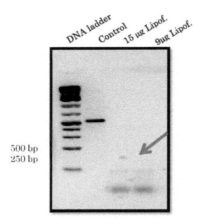

Figure 33 : Essai de détection du clivage. Échelle d'ADN, échantillon de contrôle, 15 µg d'échantillon de Lipofectamine, 9 µg d'échantillon de Lipofectamine.

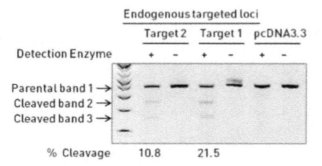

Figure 33   **Image de gel du test de détection du clivage génomique utilisant des cellules transfectées (LifeTechnologies)**

Discussion

L'ingénierie des génomes est le sujet principal de ce rapport. Le laboratoire d'accueil n'avait aucune connaissance préalable du sujet et des différentes techniques utilisées. Il a fallu déployer beaucoup d'efforts pour comprendre et traiter chaque protocole individuel à la fois. Dans le présent rapport, nous avons montré que les cellules mononucléaires humaines blanches primaires sont capables de se développer dans des flacons cellulaires pendant environ 3 semaines, dans un milieu RPMI 1640 avec 15 % de FBS. Bien que la nouveauté de ce résultat soit passionnante, le choix des cellules n'était probablement pas adapté à nos objectifs expérimentaux. Les lymphocytes ont une durée de vie limitée (3 semaines) et ne peuvent pas être stockés et étendus après un événement d'édition du génome réussi. Cependant, il s'agit de cellules primaires et le processus expérimental permet d'espérer que des cellules primaires peuvent être traitées avec succès. C'est une source d'espoir pour la recherche sur la leucémie, par exemple, où le matériel de patients présentant des mutations est très rare et où les cellules précieuses ne peuvent être utilisées que pour les expériences les plus importantes. L'utilisation de l'édition du génome pour construire de nouvelles cellules mutées et éventuellement immortalisées pour la recherche sur la leucémie constituerait une avancée décisive. La courbe d'élimination de la thioguanine a suscité quelques inquiétudes quant à la concentration réelle de thioguanine utilisée dans la plaque à 6 puits et à la possibilité de l'estimer avec précision. L'incertitude réside dans le fait que les solutions de stock de thioguanine sont filtrées avant d'être stockées et qu'il n'est donc pas certain que la totalité de la quantité ait été transférée dans la solution. Afin d'examiner l'efficacité de la transfection, un microscope à fluorescence a été utilisé, mais les résultats n'ont pas été concluants. En raison du manque de temps, l'efficacité de la transfection n'a pas pu être mieux déterminée. Cependant, on estime qu'elle est de l'ordre de 15 à 20 % selon les données de la littérature. D'après les études de viabilité, il semble que la concentration de Lipofectamine ait un effet sur l'efficacité de la transfection, qui semble dépendre de la dose. La plus forte concentration de Lipofectamine utilisée a produit le plus grand nombre de cellules vivantes. Notre intention était d'examiner deux protocoles de détection différents, un kit enzymatique et un kit de clivage du génome. Le kit enzymatique n'a finalement pas pu être utilisé car nous ne disposions pas d'un spectrophotomètre chauffé avec la plage de chauffage souhaitée. Le kit de clivage du génome de l'ADN n'a montré qu'une faible bande d'une longueur d'environ 350 bases au niveau du produit de vérification de la PCR, ce qui signifie que le processus fonctionne. Toutefois, il doit être optimisé et normalisé. À l'exception des observations visuelles, les protocoles de détection n'ont pu être d'aucune aide pour vérifier ou non notre hypothèse sur le fonctionnement du système CRISPR. En résumé, nous avons démontré qu'un événement d'édition du génome peut avoir lieu dans une cellule mononucléaire humaine blanche primaire avec l'utilisation du système CRISPR dans un laboratoire sans connaissances préalables. D'autres expériences sont nécessaires pour optimiser le pipeline ; néanmoins, la première étape de l'ingénierie et de la modification du génome a été franchie.

Résumé/ Conclusion

Dans le présent rapport, CRISPR Cas9, système de type II, a été utilisé pour tenter d'éliminer le gène *HPRT1* exprimant l'enzyme HGPRTase dans les lymphocytes humains. Nous avons montré que les cellules mononucléaires blanches primaires étaient capables de se développer pendant 3 semaines dans un milieu RPMI 1640 avec 15 % de FBS. Le milieu HAT a été utilisé comme milieu de contre-sélection afin de sélectionner uniquement les cellules HGPRT+. La thioguanine a ensuite été utilisée comme milieu de sélection pour identifier uniquement les cellules HGPRT-. La concentration appropriée de thioguanine a été choisie après avoir réalisé une expérience de courbe d'élimination. Les cellules E. *coli* ont été transformées avec le vecteur CRISPR. Le plasmide a été isolé selon le protocole à des concentrations assez élevées. La transfection des cellules a eu lieu sous quatre concentrations différentes de Lipofectamine, la concentration la plus élevée donnant les meilleurs résultats. Pour vérifier que l'édition a bien eu lieu dans les cellules de mammifères, un kit de détection du clivage de l'ADN et un test enzymatique ont été utilisés. Le test enzymatique devrait montrer une diminution significative de l'activité enzymatique de l'HGPRT tandis que le kit de clivage de l'ADN devrait montrer une bande claire d'une longueur d'environ 350 bases dans un gel d'électrophorèse et probablement une ou deux autres bandes de taille beaucoup plus petite. L'ingénierie des génomes progresse rapidement et nous n'en sommes qu'au début d'un potentiel passionnant. La facilité d'accès et les enzymes hautement spécifiques capables de manipuler directement les sites génomiques d'intérêt sont quelques-uns des avantages. Six ans après sa découverte, les complexes gRNA et Cas9 sont utilisés pour une édition efficace du génome (Richter, Randau, & Plagens, 2013). De nouveaux types de nucléases Cas CRISPR apparaissent, par exemple des nucléases qui ont la capacité d'entailler un brin d'ADN et non de provoquer un double brin comme dans le système de type II utilisé dans le présent rapport. CRISPR pourrait également être utilisé comme système de ciblage multiple. Dans certains cas, des cibles multiples ont été conçues avec succès (Walsh & Hochedlinger, 2013). Une dernière possibilité d'accroître la spécificité et de réduire le clivage hors cible consiste à isoler des systèmes CRISPR-Cas alternatifs avec des interactions plus strictes entre l'ARNg, la séquence cible et le PAM à partir d'autres souches d'archées ou de bactéries (Walsh & Hochedlinger, 2013). CRISPR et tous les autres outils d'ingénierie ciblée du génome constituent un outil de recherche inestimable qui peut être utilisé dans les cellules et les organismes et qui pourrait potentiellement ouvrir la voie à des applications révolutionnaires dans les thérapies humaines, la biotechnologie agricole et l'ingénierie microbienne (Jinek, East, Cheng, Lin S, Ma, & Doudna, 2013).

Références

Barrangou, R., Coute Movoisin, A.-C., Stahl, B., Chavichvily, I., Damange, F., Romero, D., et al. (2013). Impact génomique de l'immunisation CRISPR contre les bactériophages. *Biochemical Society Transactions* (41), 1383-1391.

Boch, J., Sholze, H., Schornack, S., Landgraf, A. et Hahn, S. (2009). Breaking the code of DNA binding specificity of TAL-type III effectors (Rompre le code de la spécificité de liaison à l'ADN des effecteurs TAL de type III). *Science* (326), 1509-12.

Camara, Y., Gonzalez-Vioque, E., Scarpelli, M., Torres-Torronteras, J. et Marti, R. (2013). Nourrir la voie de récupération du désoxyribonucléoaside pour sauver l'ADN mitochondrial. *Drug Discovery Today*, *18* (19/20), 950-957.

Carsetti, R. (2004). Caractérisation de la maturation des cellules B dans le système immunitaire périphérique. In H. Gu, & K. Rajewsky, *B Cell Protocol* (Vol. 271, p. 25). Humana Press Inc.

Caskey, C. et Kruh, G. (1979). The HPRT Locus. *Cell*, *16*, 1-9.

Casola, S. (2004). Conditional Gene Mutagenesis in B-Lineage Cells (Mutagenèse génétique conditionnelle dans les cellules de la lignée B). In H. Gu, & K. Rajewsky, *B Cell Protocols* (Vol. 271, p. 91). Humana Press Inc.

Forster, I. (2004). Analyse de la durée de vie et de l'homéostasie des cellules B. Dans H. Gu, & K. Rajewsky, *B Cell Protocols* (Vol. 271, p. 59). Humana Press Inc.

Fenwick, R. (1985). Le système HGPRT. *Molecular Cell Genetics, 1ère édition*, 333-373.

Fu, Y., Foden, J., Khayter, C., Maeder, M., Reyon, D., Joung, K. J., et al. (2013). Mutagenèse hors cible à haute fréquence induite par les nucléases CRISPR-Cas dans les cellules humaines. *Nature Biotechnology*, *31* (9), 822-827.

Galloway, T., Ray, K. et Malhotra, R. (2003). Regulation og B lymphocytes in health and disease Metting review. *Molecular Immunology*, *39*, 649-653.

Gemmis, P., Anesi, L., Lorenzetto, E., Gioachini, I., Fortunati, E., Zandona, G., et al. (2010). Analyse du gène HPRT1 dans 35 familles italiennes de Lesch-Nyahn : 45 patients et 77 porteuses potentielles. *Mutation Research*, *692*, 1-5.

Helgason, C., & Miller, C. (Eds.). (2012). *Basic Cell Cultur Protocols* (Troisième édition, Vol. 290). Humana Press.

Helgason, C., & Miller, C. (Eds.). (2013). *Basic Cell Culture Protocols* (quatrième édition, vol. 946). Humana Press.

Hua, G., & Rajewsky, K. (Eds.). (2004). *B Cell Protocols* (Vol. 271). Humana Press.

Jacobs, L. et DeMars, R. (1984). Chemical mutagenesis with diploid human fibroblasts. *Handbook of Mutagenicity Test Procedures, 2e édition*, 321-356.

Jinek, M., Chylinski, K., Fonfara, I., Hauer, M., Doudna, J., & Charpentier, E. (2012). Une double endonucléase ADN programmable guidée par l'ARN dans l'immunité bactérienne adaptative. *Science* (337), 816-21.

Jinek, M., East, A., Cheng, A., Lin S, Ma , E., & Doudna, J. (2013). RNA-programmed genome editing in human cells. *eLife* (2), e00471.

Nyhan, W. (2007). La maladie de Lesch-Nyhan et les troubles connexes du métabolisme de la purine. *Tzu Chi Medical Journal , 19* (3), 105-108.

O'Neill, J., Rogan, P., Cariello, N. et Nicklas, J. (1998). Mutations qui modifient l'épissage de l'ARN du gène HPRT humain : une revue du spectre. *Mutation Research , 411*, 179-214.

Parry, J. et Parry, E. (2012). *Essai de mutation du gène HPRT sur cellules de mammifères : Test Methods.* (G. E. Johnson, Ed.) Springer Science+Business Media.

Pennisi, E. (2013). The CRISPR Craze. *Science , 341*, 833-836.

Perez-Pinera, P., Ousterout, D. et Gersbach, C. (2012). Progrès dans l'édition ciblée du génome. *Current Opinion in Chemical Biology* (16), 268-277.

Provasi, E., Genovese, P., Lombardo, A., Magnani, Z., Liu, P.-Q., Reik, A., et al. (2012). Editing T cell specificity towards leukemia by zinc finger nucleases and lentiviral gene transfer. *Nature Medicine , 18* (5), 807-815.

Ran, A., Hsu, P., Wright, J., Agarwala, V., Scott, D. et Zhang, F. (2013). Ingénierie du génome à l'aide du système CRISPR-Cas9. *Nature Protocols , 8* (11), 2281-2308.

Ran, F., Hsu, P., Lin, C.-Y., Gootenberg, J., Konermann, S., Trevino, A., et al. (2013). Double Nicking by RNA-Guided CRISPR Cas9 for Enhanced Genome Editing Specificity. *Cell , 154*, 1380-1289.

Reeks, J., Naismith, J. et White, M. (2013). L'interférence CRISPR : une perspective structurelle. *Biochem. J.* (453), 155-166.

Richter, H., Randau, L. et Plagens, A. (2013). Exploiter CRISPR/Cas : Mécanismes d'interférence et applications. *Int. J. Mol. Sci.* (14), 14518-14531.

Rolink, A. (2004). B-Cell Development and Pre-B-1 Cell Plasticity in Vitro. In H. Gu, & K. Rajewsky, *B Cell Protocols* (Vol. 271, p. 271). Humana Press Inc.

Segal, D. et Meckler, J. (2003). Genome Engineering at the Dawn of the Goden Age (L'ingénierie des génomes à l'aube de l'ère moderne). *Annu. Rev. Genomics Hum. Genet* (14), 135-58.

Takasu, Y., Kobayashi, I., Beumer, K., Uchino, K., Sezutsu, H., Sajwan, S., et al. (2010). Targeted mutagenesis in the silkworm Bombyx mori using zinc finger nuclease mRNA injection (mutagenèse ciblée chez le ver à soie Bombyx mori par injection d'ARNm de la nucléase à doigt de zinc). *Insect Biochemistry and Molecular Biology , 40*, 759-765.

Thilly, W., DeLuca, J., Furth, E., Hoppe , I., & Kaden, D. (1980). Gene-locus mutation assays in diploid human lymphoblast lines. *Chemical Mutagens 6 ,* 331-364.

Torres, R. et Puig, J. (2007). Déficit en hypoxanthine-guanine phosphoribosyltransférase (HPRT) : Syndrome de Lesch-Nyhan. *Orphanet Journal of Rare Diseases , 2* (1), 48.

Walsh, R. et Hochedlinger, K. (2013). Une variante du système CRISPR-Cas9 ajoute de la polyvalence à l'ingénierie des génomes. *PNAS , 110* (39), 15514-15515.

Yamada, Y., Nomura, N., Yamada, K. et Wakamatsu, N. (2007). Molecular analysis of HPRT deficiencies : An update of the spectrum of Asian mutations with novel mutations. *Molecular Genetics and Metabolism , 90*, 70-76.

Youinou, P. (2007). La cellule B dirige l'orchestre des lymphocytes. *Journal of Autoimmunity , 28*, 143-151.

Annexe

Culture de lymphocytes

Décongélation des cellules

i.   Le milieu est préchauffé dans un bain-marie à 37 C.°

ii.   Les cellules congelées sont placées dans un bain d'eau à **37°C** pendant environ 2 minutes ou jusqu'à ce qu'elles aient atteint le stade de la congélation.

Les cellules sont décongelées. Plonger le cryovial dans de l'eau déminéralisée stérile et doublement distillée (37° C, 1-2 min.) afin de décongeler rapidement les cellules.

iii.   Toujours essuyer le flacon avec 70% d'EtOH avant de l'ouvrir.

iv.   Transférer le contenu du flacon dans un tube de 15 ml avec du milieu de culture frais (RPMI 1640).

v.   Centrifuger à 200 g pendant 5 minutes à température ambiante.

vi.   Le surnageant est jeté et les cellules sont remises en suspension dans 5 ml de milieu frais.

vii.   De nouveaux flacons avec du milieu de culture frais sont préparés. La culture cellulaire est transférée dans un flacon de culture tissulaire de 25 cm2 dans un total de 10 ml de milieu (RPMI 1640 + 15 % de sérum bovin fœtal) et les cellules sont bien mélangées à l'aide d'une pipette ou d'une barre.

viii.   Examinez la fiole au microscope.

ix.   Incuber les cellules à 37° C, 5% CO2.

x.   Afin de vérifier la viabilité de la culture, effectuer un comptage de viabilité au bleu Trypan sur les cellules - dilutions 1:5.

xi.   Après <u>24 heures,</u> changer 50 % du milieu pour diluer davantage le cryoconservateur original, le DMSO. Au jour 2-3 de la culture ou lorsque la densité cellulaire appropriée a été atteinte, étendre les cellules B à un flacon de 75 cm2 dans 20 ml de milieu de culture.

Culture des cellules

i.   Placer environ 2,5 x 10^6 cellules par flacon de culture et fermer le couvercle du flacon, mais pas trop hermétiquement. De préférence dans un flacon ventilé.

ii.   Incuber pendant la nuit à 37° C, 5% CO2. Les cellules doivent être incubées dans des flacons de culture tissulaire à bouchon filtrant ventilé, orientés en position verticale (flacons reposant <u>verticalement</u> sur le fond ; pas couchés dans l'orientation typique utilisée pour les cellules de type ancrage).

iii.   Vérifier quotidiennement que les flacons ne changent pas de couleur. Le milieu doit devenir acide, avec un pH compris entre 6,5 et 6,8.

Culture et passage des cellules

i.   Sortir la fiole de cellules de l'incubateur.

ii. Recueillir les cellules dans un tube de 15 ml.

iii. Centrifuger à 200 g pendant 5 minutes.

iv. Aspirer le surnageant.

v. Remettre en suspension dans 5 ml de milieu de culture dans un tube de 15 ml.

vi. Ajouter 5 ml de milieu de culture cellulaire dans une nouvelle fiole.

vii. Prélever 2,5 ml du tube de 15 ml dans la fiole et bien mélanger.

viii. Incuber à 37° C, 5% CO2.

ix. Remplacer par du milieu de culture frais tous les 2-3 jours.

Changement de milieu de culture cellulaire

i. Les cultures doivent être <u>alimentées tous les 2 ou 3 jours</u>. Lorsque le milieu commence à changer de couleur. Prélever 5 ml de milieu et ajouter 5 ml de milieu de croissance frais en laissant les cellules se déposer dans le flacon et en pipettant soigneusement le volume supérieur de milieu.

ii. Sortir les flacons de culture de l'incubateur et les placer dans la hotte à flux laminaire.

iii. Retirer 50 à 75 % du milieu actuel de la fiole. Remplacer la quantité prélevée par du milieu à température ambiante (RPMI 1640 + 15% de sérum bovin fœtal).

iv. Remettre la fiole dans l'incubateur.

Compter les cellules

i. Transférer la suspension cellulaire dans un tube de 15 ml.

ii. Transférer une petite quantité (1 ml) de cellules dans un eppendorf.

iii. Préparer une solution de bleu trypan avec 1x PBS (dilution 1:10).

iv. Mélanger 10 µl de cellules avec 40 µl de bleu trypan (le facteur de dilution est de 5) pendant une minute.

v. Transférer 10 µl de suspension cellulaire au bleu trypan dans l'hémocytomètre.

vi. Concentration (cellules/ml) = Nombre de cellules à compter/ 5 (carrés) * Facteur de dilution * 10. Facteur de dilution * 10^4 Nombre total de cellules = Concentration (cellules/ml) * Volume des échantillons (ml)

Congélation des cellules

i. Afin de garder les cellules "jeunes", un faible nombre de passages est nécessaire pour éviter d'évoluer vers des cultures oligoclonales et monoclonales. Expansion aussi rapide que possible et cryoconservation de six flacons de 1 ml de cellules. Une semaine plus tard, prélever l'un des flacons pour un test de récupération et de performance.

ii. Remplacer le milieu par du milieu frais 24 heures avant la congélation. Les cellules doivent être saines et à la limite de la confluence au moment de la congélation.

iii. Compter les cellules et déterminer la quantité par flacon à congeler. En règle générale, le nombre de cellules par flacon doit se situer entre 1 et 5 x 10^6 cellules).

iv.   Centrifuger à 200 g pendant 5 minutes.

v.   Jeter le surnageant.

vi.   Préparer une quantité appropriée de cryomédium (10 % DMSO + 90 % FBS) dans un tube de 15 ml et mélanger.

vii.   Placer une aliquote de 1 ml dans le cryovial.

viii. Placer le flacon dans un conteneur de congélation.

ix.   Placer le récipient dans le congélateur à -80 °C pendant une nuit pour un refroidissement lent.

x.   Il est ensuite placé dans la phase vapeur de l'azote liquide pour un stockage à long terme.

Sous-culture de cellules

i.   Retirer le milieu de culture actuel.

ii.   Ajouter 10 ml de trypsine à 0,025% - 0,25% et laisser les cellules reposer pendant 10 minutes à température ambiante. Il peut être nécessaire de frapper les flacons de culture sur le comptoir de la hotte pour éliminer les cellules "collantes" de la surface du flacon.

iii.   Juste après les dix minutes, ajouter du RPMI 1640 + 20 % de FBS pour inactiver la trypsine.

iv.   Effectuer un comptage de viabilité au bleu trypan - dilution 1:5.

v.   Ajouter $2,5 \times 10^6$ cellules par flacon de culture et fermer le couvercle du flacon.

vi.   Remettre les flacons de culture dans l'incubateur, vérifier quotidiennement les changements de milieu.

Déterminer la courbe d'élimination de la TG dans la lignée cellulaire concernée

Pour réaliser une expérience de courbe de destruction à la 6-thioguanine, environ 10 000 cellules doivent être placées dans une plaque à 6 puits et se développer en présence de concentrations croissantes de thioguanine pendant environ 7 à 10 jours. En général, la concentration qui tue toutes les cellules, à l'exception des mutants préexistants résistants à la TG, se situe entre 1 et 10 µg/ml (6 - 60 µM) pour les cellules en suspension et les cellules attachées (Jacobs & DeMars, 1984).

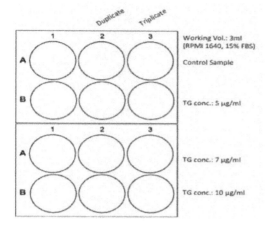

Working Vol.: 3ml
(RPMI 1640, 15% FBS)

Control Sample

TG conc.: 5 µg/ml

TG conc.: 7 µg/ml

TG conc.: 10 µg/ml

Figure 35 : Différentes concentrations de TG ont été testées en triple sur des plaques à 6 puits. 30 mM, 41 mM et 60 mM de TG ont été utilisés.

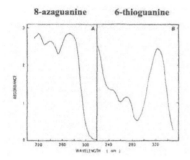

Figure 36 : Différentes concentrations de TG ont été testées en triple sur des plaques à 6 puits. 30 mM, 41 mM et 60 mM de TG ont été utilisés.

Les stocks de thioguanine sont conservés à -20° C ou -80° C et sont dilués par filtration dans le milieu juste avant leur utilisation. Il n'est pas recommandé de conserver les stocks dilués de TG pendant de longues périodes. Cependant, il est facile de tester la qualité de la thioguanine à l'aide d'un spectrophotomètre à 220-340 nm. Un échantillon de bonne qualité doit avoir un rapport 320:260 supérieur à 2,5 (Fenwick, 1985). Il est recommandé de changer le milieu tous les 5-7 jours avec une solution fraîche de thioguanine (Thilly, DeLuca, Furth, Hoppe, & Kaden, 1980). Les stocks de thioguanine sont préparés en dissolvant la poudre de 6-thioguanine (Sigma Aldrich) dans une quantité appropriée d'eau stérile. Si nécessaire, diluer au préalable avec la plus petite quantité de NaOH 0,1 N frais. La solution est filtrée à travers un filtre de 0,22 µm et conservée à -20 C.°

Préparation du milieu HAT

HAT est un milieu de sélection pour les cellules *HPRT*(+). Il est composé d'hypoxanthine, d'**aminoptérine** et de thymidine.

45

Typiquement, 1X "HAT" fait référence à 100µM d'hypoxanthine (H), 1µM d'aminoptérine (A) et 20µM de thymidine (T).

Le milieu HAT peut être trouvé dans le commerce à des concentrations de 100X ou 50X chez LifeTechnologies ou SigmaAlrdich. Toutefois, si de plus grandes quantités de HAT 100X sont nécessaires, il est possible de préparer un stock d'hypoxanthine 100X comprenant de la thymidine et un stock d'aminoptérine 100X.

• 100X Hypoxanthine-Thymidine (HT) stock (100ml) :

Hypoxanthine : 136 mg /100 ml

Thymidine : 48,4 mg /100 ml

L'hypoxanthine est dissoute par agitation dans 98 ml d'eau déminéralisée à 45°C pendant environ 1 heure. Refroidir et ajouter la thymidine. Agiter pour dissoudre. Ajuster le volume à 100 ml et passer le mélange à travers un filtre stérile. Conserver des aliquotes de 1 ml à -80°C.

• 100X stock d'aminoptérine (A) (100ml) :

Aminoptérine : 4,4 mg /100ml

L'aminoptérine est dissoute dans quelques ml de NaOH 0,1N stérile. Diluer jusqu'à 98 ml avec de l'eau désionisée. Ajuster le pH à 7,0 avec du HCl et ajuster le volume final à 100 ml toujours avec de l'eau désionisée. Passer le mélange à travers un filtre stérile et conserver en aliquotes de 1 ml à -80°C, à l'abri de la lumière.

Support de chapeau :

Le milieu peut être étiqueté comme "+HAT" lorsqu'on ajoute 2 volumes de milieu HAT 50X à chaque 100 volumes du milieu de votre choix.